라이프스타일을 바꾸는 간편한 건강 요리 4

가족 모임이나
손님 초대할 때 돋보이는

인기 만점
고기요리

Cookbook Series ···

*04

라이프스타일을 바꾸는 간편한 건강 요리

가족 모임이나
손님 초대할 때 돋보이는

인기 만점
고기요리

피쉬북

라이프스타일을 바꾸는 간편한 건강 요리

Cookbook Series ···

가족 모임이나 손님 초대할 때 돋보이는

인기 만점 고기요리

사랑하는 가족들이 기운 없어 보일 때….
가장 먼저 떠오르는 메뉴는 고기요리다.
손님 초대는 해놓았는데….
이때 역시 가장 먼저 떠오르는 메뉴는 고기요리다.
넘쳐나는 고기요리 중 가장 실속 있고,
품나는 요리만을 정성껏 골라 나만의 메뉴 리스트를 만들어보자.

story1
넘치는 아이디어, 센스 있는 상차림
담백한 맛으로 즐기는 닭고기 요리

story2
놀라운 영양, 맛도 뒤지지 않는 맛!
부드럽고 감칠맛나는 돼지고기 요리

story3
입안에서 살살 녹는 부드러운 육질의 지존!
섬세한 맛과 향으로 즐기는 쇠고기 요리

Contents

★05 Taedong Cookbook Series

가족 모임이나 손님 초대할 때 돋보이는 인기 만점 고기요리

20

48

70

재료를 알면 요리가 보여요!

단백질의 함량이 높은 닭고기·쇠고기와 비타민 B_1이 월등히 많은 돼지고기로 우리의 몸을 건강하고 탄력 있게 하는 요리를 만들자. 고기의 특유한 냄새를 없애고 살을 연하게 만드는 방법을 익혀, 영양과 맛이 최고인 고기 요리를 우리의 식탁에 올려보자.

닭고기

돼지고기, 쇠고기와는 달리 섬유질이 가늘고 연한 닭고기는 지방을 제거하기 쉽고, 칼로리도 낮아 다이어트 식단에 많이 활용되는 재료이다. 콜라겐 성분이 있어 피부미용에도 좋은 닭고기는 부위에 따라 맛과 영양 성분이 달라 쓰이는 용도도 조금씩 다르므로, 각 부위의 특징과 용도를 알아두는 것이 좋다.

촉촉한 수분을 느낄 수 있는 신선한 닭고기에는 혈액 내의 유해한 콜레스테롤 함량을 낮추어 각종 성인병을 예방하는 리놀렌산이 많은 양 함유되어 있다. 또한 다른 동물성 식품에 비해 월등히 높은 단백질을 가지고 있는 가슴살과 지방이 쉽게 제거되는 특성이 있어 체중 조절을 필요로 하는 사람에게 알맞은 식품이다. 체내에서 비타민 A로 바뀌는 레티놀도 다량 함유되어 있어 단백질의 주공급원이 된다. 저렴한 가격으로 구입 가능하므로 영양과 맛, 경제성을 고루 갖춘 식품이다. 식용 닭은 온도나 빛의 양, 먹이의 양 등 환경 조건이 엄격히 관리되어 생산되는데, 이렇게 사육되는 닭은 운동부족으로 근육조직의 발달이 늦는 결점이 있는데, 요즘 닭고기는 예전에 비해 전체적으로 지방분이 많아졌다. 특히 껍질 부분에 지방분이 많아졌다. 이 지방은 조리할 때 양념 맛이 고기 속까지 스며드는 것을 방해하므로 포크로 껍질을 찔러 양념이 스며들게 한다. 닭고기에 붙어 있는 지방은 조리 후에도 냄새가 나므로 떼어낸다. 피하에 지방 덩어리를 떼어낸 뒤는 지방이 거의 없으므로 식물성 기름을 넣어 조리하거나 여러 소스를 넣어 끓이는 다양한 요리법을 활용하는 것이 좋다.

맛있는 닭 육수 만들기

닭뼈는 알맞은 크기로 잘라 씻어 찬물이 담긴 냄비에 생강, 파와 함께 거품이 생길 때까지 센불에서 끓인다. 거품은 숟가락으로 건어내고 국물은 젓지 않는다. 불을 약하게 조절해서 닭뼈의 고소한 성분이 우러나도록 서서히 끓인다. 고기의 진한 맛이 어느 정도 우러나면 소금과 후춧가루를 조금 넣어 밑간하면 육수가 완성된다.

국내산 닭고기	수입산 닭고기
냉장 상태로 유통되어 윤기와 탄력이 있다.	냉동 상태로 유통되어 윤기와 탄력이 떨어진다.
냉동하지 않으므로 원모습을 그대로 유지한다.	많은 양을 냉동포장으로 수입하여 짓눌린 것이 많다.
크기가 다양하며 목이 붙어 있는 경우가 많다.	크기가 고르며 목이 없다.

돼지고기

지방이 쇠고기보다 부드러워 입 속에서 녹는 느낌과 감칠맛이 좋은 돼지고기. 쇠고기보다 10배 정도 많은 비타민 B₁을 함유하고 있는 돼지고기는 쇠고기만큼 부위가 세분화되지 않지만 육질은 거의 비슷하다. 부위별로 조금씩 다른 특성을 지니는데, 이를 잘 활용하여 고기의 맛을 잘 살리는 요리를 만들어보자.

닭고기와 마찬가지로 훌륭한 단백질 공급원이 되는 돼지고기 살코기 부분은 질적으로 보았을 때 콩보다도 더 우수한 단백질을 갖고 있다. 또한 다른 육류에서는 찾아볼 수 없는 비타민 B1이 돼지고기에는 많은 양 함유되어 있는데, 살코기 부분에는 쇠고기보다 10배 가량이나 많다.

일반적인 비타민 B1은 열에 약하고 물에 녹기 쉬운데, 돼지고기 속의 비타민 B1은 단백질에 둘러싸여 있어 비교적 열에 강하다. 돼지고기로 찌개를 끓이면 국물에 녹아 나오는 비타민을 섭취하게 되는 것이다. 돼지고기는 지방의 질이 좋고 나쁨에 따라 고기 품질에 큰 차이가 난다. 희고 윤기가 있고 끈기가 있는 지방이 좋다. 지방은 고기를 구울 때 녹아 내려 고기 맛을 고소하게 하고, 비타민을 보호해 맛과 영양을 좋게 하며, 고기를 부드럽게 한다. 손질하거나 조리할 때 지방을 너무 떼어내지 않고 조리하는 것이 돼지고기의 제맛을 느낄 수 있는 방법. 그러나 고기에는 기생충이 있을 염려가 있으므로 반드시 중심부까지 잘 익혀서 먹어야 한다.

고기를 익히는 전용 젓가락을 준비해요

삼겹살이나 갈비 등 생고기는 익히면서 바로 먹는 경우가 많죠. 이때 고기를 집어 석쇠에 올리는 젓가락이 구이 전용으로 준비된 것이 아니라 개인이 사용하는 젓가락일 경우가 많은데, 생고기에는 식중독을 일으킬 수 있는 세균이 있을 수 있으므로 익혀서 먹어야만 균을 없앨 수 있어요.

하지만 생고기를 집었던 젓가락에 묻은 균이 식중독을 일으킬 수도 있으므로 식사할 때는 반드시 다른 젓가락을 마련해서 사용하는 것이 좋아요. 더불어 고기를 익히는 데 사용한 젓가락으로 다른 음식을 담거나 조리하는 것은 피해야 해요.

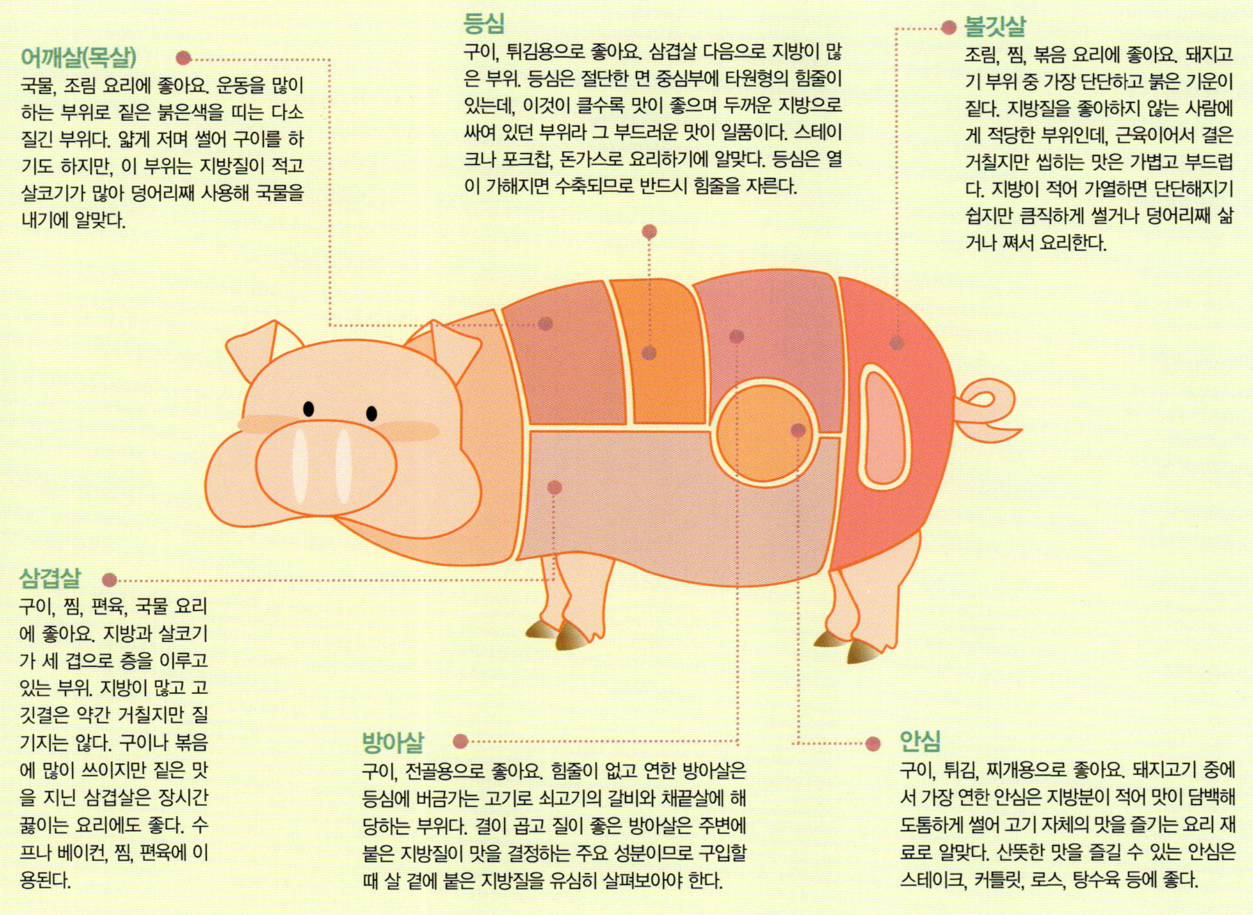

어깨살(목살)

국물, 조림 요리에 좋아요. 운동을 많이 하는 부위로 짙은 붉은색을 띠는 다소 질긴 부위다. 얇게 저며 썰어 구이를 하기도 하지만, 이 부위는 지방질이 적고 살코기가 많아 덩어리째 사용해 국물을 내기에 알맞다.

등심

구이, 튀김용으로 좋아요. 삼겹살 다음으로 지방이 많은 부위. 등심은 절단한 면 중심부에 타원형의 힘줄이 있는데, 이것이 클수록 맛이 좋으며 두꺼운 지방으로 싸여 있던 부위라 그 부드러운 맛이 일품이다. 스테이크나 포크찹, 돈가스로 요리하기에 알맞다. 등심은 열이 가해지면 수축되므로 반드시 힘줄을 자른다.

볼깃살

조림, 찜, 볶음 요리에 좋아요. 돼지고기 부위 중 가장 단단하고 붉은 기운이 짙다. 지방질을 좋아하지 않는 사람에게 적당한 부위인데, 근육이어서 결은 거칠지만 씹히는 맛은 가볍고 부드럽다. 지방이 적어 가열하면 단단해지기 쉽지만 큼직하게 썰거나 덩어리째 삶거나 쪄서 요리한다.

삼겹살

구이, 찜, 편육, 국물 요리에 좋아요. 지방과 살코기가 세 겹으로 층을 이루고 있는 부위. 지방이 많고 고깃결은 약간 거칠지만 질기지는 않다. 구이나 볶음에 많이 쓰이지만 짙은 맛을 지닌 삼겹살은 장시간 끓이는 요리에도 좋다. 수프나 베이컨, 찜, 편육에 이용된다.

방아살

구이, 전골용으로 좋아요. 힘줄이 없고 연한 방아살은 등심에 버금가는 고기로 쇠고기의 갈비와 채끝살에 해당하는 부위다. 결이 곱고 질이 좋은 방아살은 주변에 붙은 지방질이 맛을 결정하는 주요 성분이므로 구입할 때 살 곁에 붙은 지방질을 유심히 살펴보아야 한다.

안심

구이, 튀김, 찌개용으로 좋아요. 돼지고기 중에서 가장 연한 안심은 지방분이 적어 맛이 담백해 도톰하게 썰어 고기 자체의 맛을 즐기는 요리 재료로 알맞다. 산뜻한 맛을 즐길 수 있는 안심은 스테이크, 커틀릿, 로스, 탕수육 등에 좋다.

국내산 돼지고기(삼겹살)	수입산 돼지고기(삼겹살)
자른 면이 고르며 완전한 삼겹살 형태가 나타난다.	자른 면이 고르지 못하며 삼겹살 형태가 완전하지 않다.
두께가 1.5~2배 정도 두꺼우며 지방이 두껍고 폭이 넓다.	두께가 국산에 비해 얇으며 지방의 두께도 얇고 폭이 좁다.
오도독뼈가 선명하게 나타난다.	오도독뼈가 일부 제거된 것이 있다.
피부에 선홍색의 혈흔이 많고 신선도가 높다.	피부에 혈흔이 거의 없고 신선도가 낮다.

쇠고기

쇠고기는 소의 영양 상태, 나이, 부위에 따라 단백질과 지방의 차이가 상당한데 특히 지방질의 차이가 크다. 쇠머리, 등심, 업진육 등에 지방이 많고, 대접살과 홍두깨살에는 지방이 적다. 쇠고기를 무척 선호하는 우리나라에서는 고기의 어느 한 부분이 버려지는 경우 없이 모두 요리로 만들어지는데, 상당히 세분화되어 있는 고기의 각 부위에 따라 알맞은 방법으로 조리하는 것이 중요하다.

쇠고기는 주성분이 단백질과 지방으로 소의 나이, 영양 상태, 부위에 따라 상당한 차이를 보인다. 쇠고기(피하지방을 떼어낸)는 보통 57~75%의 수분, 18~22%의 단백질, 3~23%의 지방, 당질, 인, 철분 등으로 이루어져 있다. 쇠고기는 돼지고기에 비해 비타민 함유량이 아주 적은 반면 양질의 단백질을 가지고 있는데, 단백질 중 대부분은 필수아미노산으로 이 성분은 우리 몸을 성장시키고 유지하는 데 꼭 필요한 영양 성분이다.

그러나 필수아미노산은 체내에서 합성되지 않는 것으로 섭취하는 식품에 의해 흡수되는데, 쇠고기에는 성장에 필요한 체내 필요량이 적절하게 포함되어 있다. 이렇듯 우리 몸에 필요한 적절한 영양을 갖춘 쇠고기에도 주의할 점이 있으므로, 조리법이나 식습관으로 해결하는 방법을 알아보자.

쇠고기 요리에는 참기름을 많이 사용하는 것이 좋다. 필수지방산이 많은 참기름은 콜레스테롤이 혈관에 붙는 것을 막아주기 때문이다. 불고기나 로스구이에 기름장을 곁들여 먹는 식습관은 고기의 영양과 맛을 살리는 좋은 방법이다. 또한 상추에 불고기를 싸먹는 습관은 혈액의 산성화를 막아주고, 발암성 물질을 없앤다.

고기의 맛은 써는 방법에 따라 달라져요

고기를 썰 때는 일반적으로 육질과 직각이 되게 한다. 결과 직각으로 잘라야 연하고, 조리하기가 쉽기 때문이다. 그러나 장조림이나 육개장처럼 쫄깃한 맛을 살리고자 할 때에는 고깃결과 나란히 썰어야 부서지거나 오그라들지 않아 쫄깃한 육질을 살릴 수 있다. 조리하는 기구에 따라서 고기를 써는 두께를 달리하는데, 팬에 고기를 구울 때는 지방이 적은 부위를 얇게 썰고, 숯불에 구울 때는 지방이 있는 부위로 두툼하게 썬다.

등심

구이, 전골, 볶음에 좋아요. 소의 어깨선 부분으로 살코기 결이 곱고 좁쌀 모양의 기름이 고르게 들어 있는 질 좋은 부위다. 살과 고기 사이에 하얀 기름이 대리석 무늬처럼 들어 있는 꽃등심이 가장 맛있다. 구울 때는 자주 뒤집으면 맛이 없으므로 한두 번 뒤집는다.

갈비

구이, 찜, 탕용으로 좋아요. 육질은 거칠고 단단하지만 지방이 군데군데 끼여 있어 맛이 진한 갈비는 쫄깃한 맛이 일품이다. 부드럽고 흰 서리 같은 부분이 많을수록 품질이 좋다. 갈비는 찬물에 담가 핏물을 빼서 요리해야 한다.

채끝살

구이, 찜, 전골, 불고기, 바비큐용으로 좋아요. 우둔살과 이어진 부위로 안심을 둘러싸고 있다. 연하고 고소한 맛을 지닌 채끝살은 스테이크에 가장 적합한 부위다. 지방이 적으며 하얀색의 젤라틴 조직이 고르게 퍼져 있는 것이 좋다. 향이 좋은 채끝살은 간을 세게 하지 않는다.

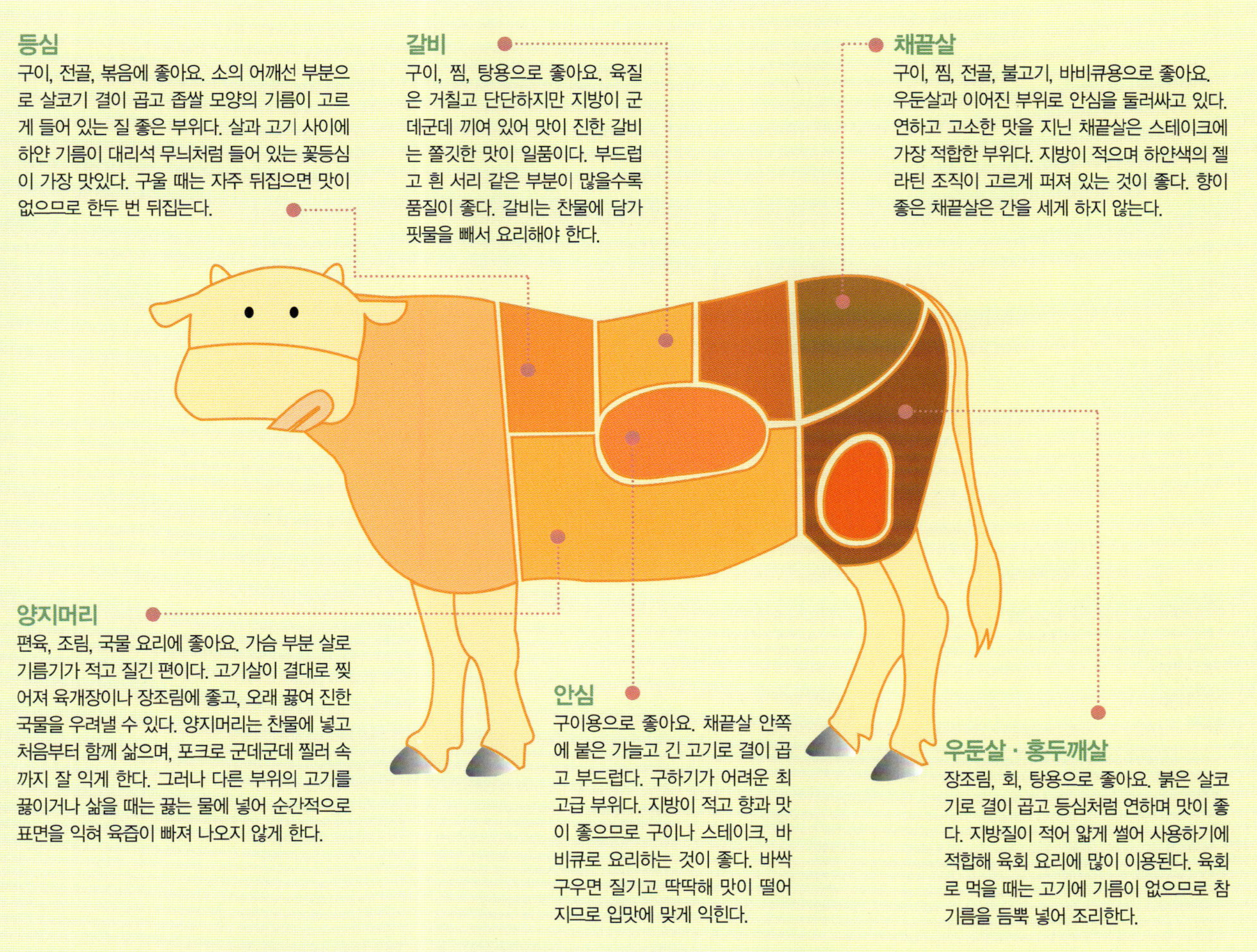

양지머리

편육, 조림, 국물 요리에 좋아요. 가슴 부분 살로 기름기가 적고 질긴 편이다. 고기살이 결대로 찢어져 육개장이나 장조림에 좋고, 오래 끓여 진한 국물을 우려낼 수 있다. 양지머리는 찬물에 넣고 처음부터 함께 삶으며, 포크로 군데군데 찔러 속까지 잘 익게 한다. 그러나 다른 부위의 고기를 끓이거나 삶을 때는 끓는 물에 넣어 순간적으로 표면을 익혀 육즙이 빠져 나오지 않게 한다.

안심

구이용으로 좋아요. 채끝살 안쪽에 붙은 가늘고 긴 고기로 결이 곱고 부드럽다. 구하기가 어려운 최고급 부위다. 지방이 적고 향과 맛이 좋으므로 구이나 스테이크, 바비큐로 요리하는 것이 좋다. 바싹 구우면 질기고 딱딱해 맛이 떨어지므로 입맛에 맞게 익힌다.

우둔살 · 홍두깨살

장조림, 회, 탕용으로 좋아요. 붉은 살코기로 결이 곱고 등심처럼 연하며 맛이 좋다. 지방질이 적어 얇게 썰어 사용하기에 적합해 육회 요리에 많이 이용된다. 육회로 먹을 때는 고기에 기름이 없으므로 참기름을 듬뿍 넣어 조리한다.

국내산 쇠고기(등심)	수입산 쇠고기(등심)
신선한 고기에서 뼈를 발라내어 형태가 다양하다.	살짝 언 상태에서 뼈를 발라내어 겉에 뼈를 발라낸 흔적이 있다.
겉에 칼자국이 많이 남아 있다.	크기가 고르며 진공포장을 하여 겉은 매끄럽다.
덩어리 형태가 다양하다.	덩어리가 타원형이다.
등심 자른 면에 떡심이 들어 있다.	등심 자른 면에 떡심이 없다.

01

넘치는 아이디어, 센스 있는 상차림

Lesson 1···

담백한 맛으로 즐기는

닭고기 요리

숙성이 필요 없는 경제적인 재료.

신선할수록 부드럽고 촉촉한 맛을 내는

매력적인 닭고기. 크림색 껍질과 핑크빛 살코기를 가진

신선한 닭고기는 올리브유와 같은

식물성 기름을 곁들이면 담백한 맛이 더 좋아진다.

마늘향 프라이드치킨

튀김 맛을 깨끗하게 마무리하는 비결은 작은 마늘. 마늘의 알싸한 매운맛에 코끝이 찡해지면서
깔끔한 끝맛을 즐길 수 있다. 튀김요리의 난적, 느끼함을 작은 마늘 하나로 잡을 수 있다.

재료

닭고기 400g
마늘 6쪽
녹말가루 4~5큰술
레몬 1개
튀김기름 적당량

튀김옷 재료

달걀 푼 것 1개
간 마늘 2큰술
소금 1작은술
간장 1작은술
술 1큰술
참기름 2작은술
후춧가루 약간

만들기

1 닭고기는 먹기 좋게 토막낸 다음 칼집을 서너 번 넣는다.

2 마늘은 강판에 갈아 준비한다.

3 볼에 튀김옷 재료를 넣어 잘 섞은 뒤 손질한 닭고기와 마늘을 넣고 골고루 버무린다.

4 ③에 녹말가루를 넣고 점성이 생기도록 잘 섞은 뒤 30분 정도 재어둔다.

5 170℃의 기름에 잰 닭고기를 넣어 천천히 속까지 익도록 튀긴다.

6 접시에 튀긴 닭고기를 담고, 레몬을 잘라 곁들여 놓았다가 먹기 전에 레몬즙을 살짝 뿌려 먹는다.

cooking point

닭고기를 신선하게 보관하려면? 닭고기는 맛술을 살짝 뿌려 밀폐된 용기에 넣어 보
관하거나 양배춧잎에 잘 싸 냉장고에 넣어두면 빛깔과 맛이 변하지 않게 보관할 수 있다. 금방 조리할
용도로 냉장고에 잠시 보관할 때는 넣기 전에 닭을 깨끗이 씻어 물기를 빼고 소금과 후춧가루, 맛술로
밑간을 해 넣어두는 것이 좋고, 오랜 기간 보관하려면 자르지 말고 통째로 랩이나 비닐 봉지에 싸서 보
관하는 것이 좋다.

Lesson 1
담백한 닭고기요리

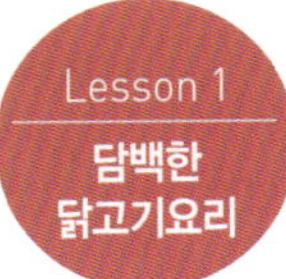

닭고기채소볶음

부드러운 양송이와 고기를 마늘향이 배도록 볶는다. 여기에 싱싱한 부추의 풋풋한 향이 더해지면 한결 산뜻한 맛을 즐길 수 있다.

재료

닭고기 100g
양파 1/4개
당근 20g
마늘 2쪽
중국부추 50g
양송이 버섯 5개
마른 표고버섯 5개
식용유 1큰술
참기름 1/2큰술
맛술 · 간장 약간씩
소금 · 후춧가루 약간씩

만들기

1 닭고기는 굵게 채 썰어 소금, 맛술을 뿌려 잠깐 재어놓는다.
2 당근은 납작하게 썰고, 양파는 굵게 채 썬다.
3 중국부추는 깨끗이 다듬어 4cm 길이로 썰어 준비하고, 마늘은 저며 썬다.
4 양송이버섯은 껍질을 벗겨 얄팍하게 저미고, 표고버섯은 미지근한 설탕물에 불렸다가 기둥을 떼어 손질하고 굵직하게 썬다.
5 팬에 기름을 두르고 뜨겁게 달아오르면 마늘을 먼저 넣고 볶는다.
6 밑간한 닭고기와 썰어 준비한 당근, 양송이버섯, 표고버섯, 양파를 넣어 볶는다.
7 끝으로 부추를 넣고 소금, 후춧가루, 참기름으로 맛을 낸 후 그릇에 담아낸다.

cooking point
닭고기를 볶을 때는 팬을 미리 달구어 준비한다. 충분히 팬이 달구어지면 기름을 두르고 닭고기를 넣어 센불에서 재빨리 볶는다. 물과 양념장, 야채를 넣은 다음 재료가 속까지 푹 무르게 익도록 불을 낮추어 국물이 없어질 때까지 조려주면 완성.

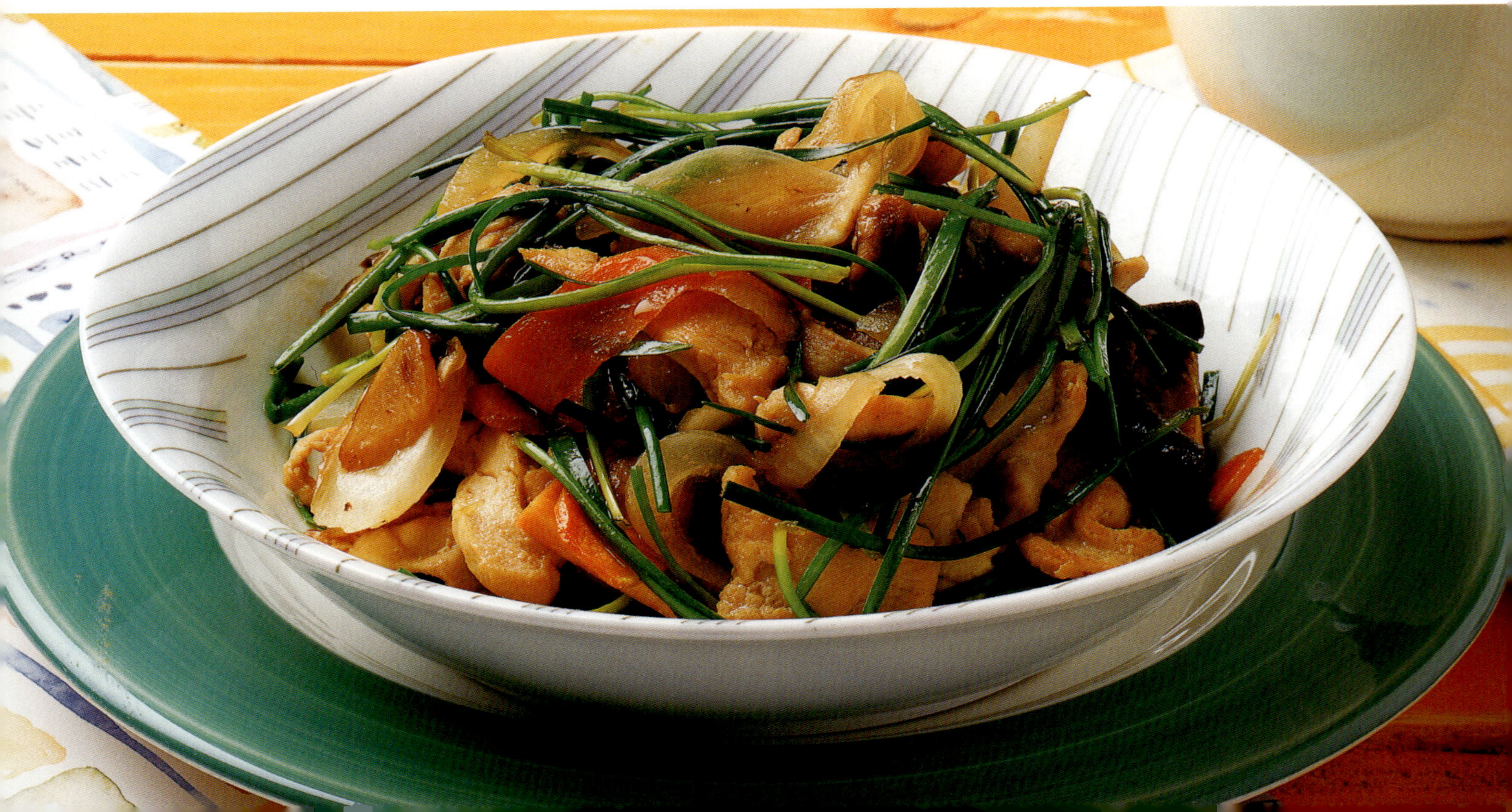

닭고기콩야채조림

고소한 콩에 풍성한 야채가 들어간 조림. 조림장이 닭고기에 배어들어 색다른 감칠맛이 난다.

재료

흰콩 1/2컵
닭고기 50g
피망 1/2개
당근 1/4개
표고버섯 2개
다시마(사방 10cm) 1장
생강즙 · 맛술 약간씩

조림장 재료

간장 2½큰술
맛술 1큰술
다시마물 1½컵
설탕 1½큰술
후춧가루 약간

cooking point

닭고기는 맛술을 살짝 뿌려 밀폐된 용기에 넣어 보관하거나, 양배춧잎에 잘 싸 냉장고에 넣어두면 빛깔과 맛이 변하지 않게 보관할 수 있다.

만들기

1 흰콩은 잡티와 돌을 골라내고 깨끗이 씻는다.

2 씻은 콩은 하룻밤 정도 물에 담가 불려 준비한다.

3 닭고기는 찬물에 깨끗이 씻어 사방 3cm 길이로 먹기 좋게 썰고, 생강즙과 맛술에 잰다.

4 당근은 잘 씻어 1.5cm 크기로 삼각썰기한다.

5 표고버섯은 미지근한 물에 불려서 기둥을 떼고 4등분한다. 피망은 씻어서 꼭지를 떼고 3cm 크기로 네모지게 썬다.

6 다시마는 물에 불려 가제로 깨끗이 닦아낸 후 피망과 같은 크기로 썬다.

7 냄비에 재어 준비한 닭고기를 볶은 다음 불린 흰콩과 당근, 다시마, 표고버섯을 넣는다.

8 ⑦에 다시마물을 부은 후 간장, 설탕, 맛술, 후춧가루를 분량대로 넣고 끓인다. 끓으면 뚜껑을 열고 불을 줄여 가끔씩 저으며 조린다.

9 조림 국물이 자작해질 때까지 콩과 야채가 무르도록 계속해서 조린다.

10 피망을 넣고 윤기 흐르게 조린다.

레몬치킨

이름만 들어도 상큼한 느낌. 레몬주스와 꿀로 만든 소스를 닭고기 위에 뿌리면 새콤하고 맛있는 레몬치킨이 된다.
빨간 피망과 초록 피망을 채 썰어 레몬치킨 위에 얹어 접시에 내면 색이 너무 예뻐 먹기가 아까울 정도.

재료

달걀흰자 1개
빵가루 2큰술
통깨 1/2큰술
소금 1/4작은술
후춧가루 약간
닭 가슴살 300g
밀가루 2큰술
식용유 1큰술
양상추 3장
붉은 피망 1/4개
피망 1/4개
레몬 약간

소스

닭 육수 3/4컵
옥수수 전분 4작은술
레몬주스 2큰술
흑설탕 1작은술
꿀 1/2큰술

만들기

1 물기 없는 볼에 거품기로 가볍게 달걀흰자를 치대어 준비한다.

2 빵가루, 통깨, 소금, 후춧가루는 섞어서 따로 둔다.

3 피망은 가늘게 채 썰어 준비한다.

4 양상추는 찬물에 담가 아삭거리게 한다.

5 닭 가슴살에 밀가루를 묻히고 거품을 친 달걀흰자를 묻힌 다음 섞어서, 준비한 빵가루를 고루 묻힌다.

6 볼에 닭 육수와 옥수수 전분을 섞어 풀어둔다.

7 볼에 레몬주스, 흑설탕, 꿀을 섞어둔다.

8 팬에 식용유를 두르고 ⑤의 닭을 지져낸다.

9 다른 팬에 채 썬 피망을 넣고 볶다가 ⑥과 ⑦을 섞어 저으면서 조려 소스를 만든다.

10 찬물에 담가둔 양상추는 물기를 없애고 채 썰어 접시에 깐다. 그 위에 지진 닭을 얹고 완성된 소스를 뿌려서 레몬과 푸른 잎으로 장식해 낸다.

cooking point

달걀흰자를 잘 섞으면 얇은 막을 형성해 공기를 많이 포함하게 되어 튀김이 잘 부풀고 맛이 좋아진다. 하지만 튀긴 후 시간이 지나면 튀김옷이 습기를 흡수하는데, 이것을 방지하기 위해서는 소다를 사용하기도 한다. 소다는 밀가루 양의 0.2% 정도가 적당하다.

간장 닭불고기

맵지 않고 자극적이지 않아 고급스런 맛을 낸다. 단아한 한식 상차림에 올리면 모양도 맛도 칭찬 받기에 충분한 아이템.

재료

닭다리살 600g
깻잎 20장

닭고기 양념
파즙 2큰술
청주 1큰술
다진 마늘 1/2큰술
소금 · 후춧가루 약간씩

양념장
간장 5큰술
맛술 2큰술
꿀 1큰술
다진 마늘 1큰술
생강즙 1작은술
소금 · 후춧가루 약간씩
참기름 1큰술

만들기

1 닭고기는 한 입 크기로 썰어서 닭고기 양념에 20분 정도 재어 둔다.

2 깻잎은 한 장씩 잘 씻어서 물기를 뺀다.

3 분량대로 재료를 섞어 양념장을 만든다.

4 밑간을 한 닭고기를 양념장에 넣어 다시 한 번 양념한다.

5 프라이팬에 기름을 두르고 ④의 닭고기를 넣어 구워낸다.

6 깻잎에 ⑤의 닭고기를 놓고 돌돌 말아서 한 입 크기로 썰어낸다.

cooking point

닭고기는 다리살로 준비한다. 지방과 단백질이 조화를 이루어 쫄깃 쫄깃하며 모양도 좋다. 신선한 닭고기는 껍질에 광택이 있고 투명 한 느낌이 든다. 색깔이 누렇고 육질에 탄력이 없는 것은 오래된 것이라고 볼 수 있다. 껍질에 주름이 많고, 닭 표면에 모공이 확실 하게 솟아나와 표면이 거친 것일수록 좋은 것이다.

닭고기 로즈메리 오븐구이

재료 닭고기(다리살) 4장
후춧가루 · 샐러드유 약간씩
양념 로즈메리 1큰술
오레가노 1/2큰술
간장 · 청주 · 맛술 3큰술씩

만들기
1 닭고기는 다리 부분을 준비하여 뼈 를 발라내고 살코기만 준비한다.
2 ①의 닭고기는 껍질 쪽에 칼집을 1cm 간격으로 넣고 후춧가루를 뿌려 재어둔다.
3 볼에 양념을 넣어 골고루 섞은 뒤 후춧가루로 밑간한 고기를 넣어 20분 간 재어놓는다.
4 철판에 호일을 깔고 샐러드유를 바 른 뒤, 재어놓았던 고기를 놓고 180℃ 의 오븐에서 20분 정도 구워낸다. 중 간에 남은 양념을 수시로 발라가며 굽 는다.

닭간두부볶음

한 입 크기로 알맞은 간이 두부와 몽글몽글 부드럽게 섞인 닭간두부볶음. 마른 고추로 향을 내고,
설탕과 식초로 새콤달콤한 맛을 낸다.

재료

닭간 300g
파(파란 부분) 2대
맛술 2½큰술
두부 1/2모
마늘 4쪽
생강 2톨
풋고추 3개
마른 고추 3개
녹말가루 1/2컵
식용유 3큰술
소금 약간
후춧가루 약간
식초 2큰술
설탕 1½큰술
녹말물 1큰술
간장·튀김기름 적당량
육수 약간

만들기

1 닭간은 깨끗이 씻어 기름과 내장을 떼고 손질하여, 끓는 물에 준비한 파와 맛술 2큰술을 넣고 살짝 데친 다음 건져서 식힌다.

2 두부는 한 입에 먹기 좋은 크기로 깍둑썰기를 한 다음 소금으로 약하게 간한다.

3 마늘, 생강은 통으로 저며 썰어 준비한다.

4 마른 고추와 풋고추는 어슷하게 썰어 씨를 털어낸다.

5 데쳐 준비한 닭간은 적당한 크기로 썬다.

6 두부와 닭간은 녹말가루를 고루 묻힌 다음, 각각 뜨거운 기름에 바삭하게 튀긴 후 체에 건져 기름기를 뺀다.

7 팬에 기름을 두르고 저며 썬 마늘, 생강, 풋고추, 마른 고추를 넣고 향을 낸 후 ⑥을 넣고 간장, 맛술 1/2큰술을 넣는다.

8 ⑦에 식초, 설탕을 넣어 새콤한 맛으로 닭간의 나쁜 맛을 없앤 뒤 육수를 약간 부어 끓인다.

9 녹말물을 넣어 닭간두부볶음을 걸쭉하고 부드럽게 만든 다음 소금으로 간한 후 마무리한다.

cooking point

특유의 냄새가 나는 닭고기는 찬물로 씻고 레몬으로 문지른 다음 요리하거나 우유에 미리 담가두면 고기의 역한 냄새를 없애준다. 닭을 삶을 때는 양파나 술, 마늘, 생강이나 셀러리용 향신료를 넣으면 누릿한 닭고기 냄새를 퇴치할 수 있다. 간에는 혈액이 많이 들어 있어 특유의 냄새가 난다. 우선 간의 핏물을 물로 씻어내고 우유나 포도주, 생강즙에 담가 냄새를 없앤다.

삼계탕

한국인의 건강 보양 요리 No.1 아이템. 먹고 나면 속이 개운하고 끝맛이 담백한 국물, 쫄깃하게
녹아드는 연한 살코기와 투명하게 퍼진 고소한 찹쌀에서 건강이 보인다.

재료

닭 1마리
수삼 2뿌리
찹쌀 1컵
황률 5개
대추 5개
마늘 1통
생강 1톨
소금 약간
후춧가루 약간

만들기

1 닭은 중간 크기로 준비하여 속을 깨끗이 씻는다.

2 찹쌀은 씻어서 일어 물에 불려둔다.

3 찹쌀을 불린 물은 두었다가 닭 삶을 때 이용한다.

4 황률은 물에 불린다.

5 수삼과 대추는 물에 깨끗이 씻는다.

6 닭의 뱃속에 불린 찹쌀과 마늘, 대추, 수삼을 넣은 다음 쌀이 나오지 않
도록 꿰매거나 다리를 모은다.

7 두꺼운 솥에 닭이 충분히 잠길 정도의 찹쌀 불린 물을 부은 다음 황률,
생강을 넣고 푹 끓인다.

8 먼저 ⑦에 닭을 넣고 푹 무르도록 곤 다음 그릇에 담아 소금, 후춧가루
로 간한다.

cooking point

삼계탕으로 요리하기에 알맞은 닭은 생후 5개월~7개월까지의 알을 낳지 않은 어린 것이 좋다. 이 시기의 어
린 닭이 영양가가 가장 많다. 너무 어리거나 알을 낳았던 닭은 질기고 영양가가 떨어진다. 영계로 준비해 머리
와 항문을 잘라버리고 배 밑쪽에 칼집을 내 내장을 말끔히 빼낸 다음 핏기가 빠지도록 속까지 깨끗이 씻는다.
그런 다음 생삼을 넣고, 닭의 뼈가 거의 다 튀어나올 정도까지 푹 삶아준다.

1 팬에 기름을 넉넉히 붓고 파와 양파를 넣고 약한 불에서 갈색이 날 때까지 끓인다. 2 다 끓으면 파와 양파를 건져낸 다음 완성된 파 기름만 용기에 따라내어 사용한다.

닭고기 마늘소스볶음

마늘 소스는 우리 입맛과 한식 요리에 제격인 어울림 요리. 튀기고 볶아
낸 메인 재료에 완성된 마늘 소스를 더하면 향과 맛이 예술이다.

재료

닭다리 살 400g
(녹말 2큰술
달걀흰자 1개
청주 1큰술
소금 · 후춧가루 약간씩)
푸른 피망 1/3개
붉은 피망 1/3개
양파 1/3개
튀김기름 약간
파기름
파 1대
양파 1/2개
식용유 3컵
마늘 소스
다진 마늘 1큰술
다진 파 1큰술
간장 1작은술
굴소스 1/2큰술
육수 또는 물 5큰술
설탕 2큰술
식초 2큰술
청주 1큰술
파기름 1큰술
참기름 · 후춧가루 약간씩

만들기

1 닭고기는 3cm 크기로 자르고 소금, 후춧가루, 청주로 밑간을 해둔다.

2 피망과 양파는 0.5cm 크기로 네모지게 썬다.

3 달걀흰자를 풀고 녹말을 섞어 튀김 반죽을 만든 다음 ①의 닭고기에 튀김옷을 입혀 노릇노릇하게 튀긴다.

4 파기름은 팬에 기름을 넉넉히 붓고 양파와 파를 채 썰어 넣은 다음 약한 불에서 천천히 40~50분 정도 갈색이 날 때까지 끓인다. 다 끓으면 파와 양파를 건져낸 다음 다른 용기에 기름을 따라낸다.

5 달군 팬에 파기름을 두르고 다진 파와 마늘을 넣어 볶다가, 청주를 부어 향을 낸 다음 ②의 피망과 양파를 넣고 볶는다.

6 ⑤에 육수, 간장, 식초, 설탕, 굴소스, 후춧가루를 순서대로 넣어 소스를 만든다.

7 ⑥의 소스에 닭고기를 넣고 버무려서 국물이 조금 남을 정도로 조려지면 불을 끈다.

cooking point

굴소스(oyster sauce)는 생굴을 소금물에 담가 발효시킨 후 위의 맑은 물을 떠내고 간장 상태로 만든 것으로, 소량의 향기와 감칠맛을 내기 때문에 중국의 조림, 볶음 요리 등에 폭넓게 사용되고 있다. 고기를 잴 때 사용하거나 간장 대신 볶음이나 조림 요리에 조금씩 넣으면 중국요리 특유의 향과 감칠맛을 더할 수 있다. 진한 굴소스의 경우는 많이 넣으면 느끼하고 짜므로 조금만 넣는 것이 좋다.

닭꼬치튀김

쫄깃쫄깃하면서 부드럽고, 달콤하면서 매콤한 닭꼬치 요리. 꼬치에서 한 개씩 빼먹는 재미가 쏠쏠하다. 냉장고에서 찾아낸 야채들을 적당한 크기로 썰어 함께 활용해 보자.

재료

닭 가슴살 200g
양파 1개
피망 1개
양송이버섯 2개
꼬치
밀가루 · 달걀물 · 빵가루
튀김기름

양념

소금 약간
양파즙
후춧가루 약간

만들기

1 닭 가슴살은 길이 3cm, 넓이 1.5cm 크기로 썰어 칼등으로 두드린 후 칼집을 준다.

2 양파와 피망은 닭고기 크기로 썬다.

3 양송이버섯은 껍질을 벗겨 4등분한다.

4 손질한 닭고기는 소금, 양파즙, 후춧가루로 양념한다.

5 꼬치에 닭살과 양파, 피망, 양송이를 번갈아 꿴다.

6 밀가루, 달걀물, 빵가루순으로 묻혀 170℃ 정도의 튀김기름에 튀겨낸다.

cooking point

꼬치 구이는 밖에서 열을 가해 구울 때 고기에서 나오는 영양분과 떨어지는 기름, 양념이 섞여 독특한 향과 맛을 낸다. 중불에서 석쇠나 팬에 호일을 깐 다음 먼저 꼬치 표면 60%를 굽고 나서 뒤집어 굽는 것이 맛을 내는 비법 중 하나.

Lesson 1
담백한 닭고기요리

깐풍기

매콤하게 살짝 볶은 고추와 피망을 넣은 소스를, 마늘로 알싸한 향을 내어 바삭하게 튀긴 닭고기 위에 뿌려 완성한다.

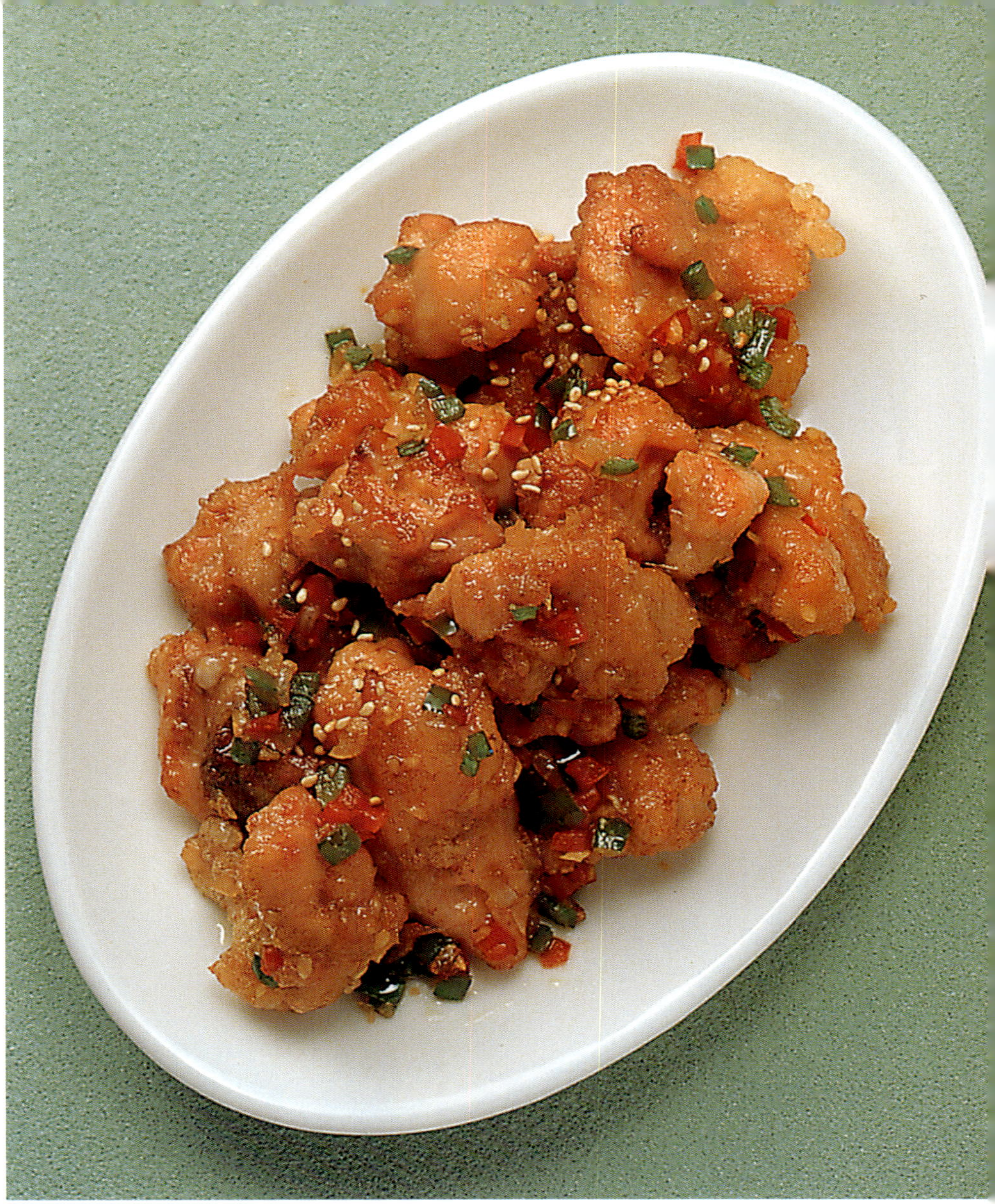

재료

닭고기 다리살 300g
달걀 1/2개
녹말 앙금 200g
튀김기 적당량
후춧가루 · 참기름 · 소금 약간씩

닭고기 양념
물 2큰술
맛소금 약간
맛술 1작은술
간장 1작은술

깐풍기 소스
대파 1대
마늘 5쪽
붉은 고추 1개
피망 1/2개
진간장 2큰술
청주 1작은술
설탕 2작은술
식초 2작은술
육수 1/2컵
녹말가루 1/2큰술

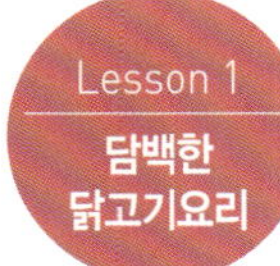

만들기

1 녹말가루에 물을 부어 섞은 뒤 하루 정도를 가라앉혀 남은 앙금을 준비한다.
2 닭고기는 다리살로 준비하여 뼈를 발라낸 뒤 사방 2cm 크기로 썬다.
3 닭고기는 볼에 담은 뒤 양념 재료와 녹말 앙금, 달걀을 넣어 골고루 섞어 재어둔다.
4 대파와 마늘은 껍질을 벗겨 물에 씻은 뒤 굵게 다지듯이 썬다.
5 고추와 피망도 같은 방법으로 썰어놓는다.
6 170℃의 기름에 재어 준비한 닭고기를 넣어 노릇노릇하게 튀긴다.
7 프라이팬에 기름을 두른 뒤 대파와 마늘을 넣고 볶아 향을 낸다.
8 향이 서서히 나기 시작하면 진간장과 청주를 함께 넣고 볶다가 설탕과 식초, 육수를 넣어 잠시 끓인 뒤 물에 녹말가루를 물에 개어서 넣고 계속해서 걸쭉하게 끓여 깐풍기 소스를 만든다.
9 튀긴 닭고기를 소스에 넣어 재빨리 볶고, 참기름을 넣고 버무려낸다.

닭강정

고추장을 넣어 만든 소스에 버무린
한국식 양념 치킨. 매콤하고
바삭한 맛에 자꾸 손이 간다.

재료

닭봉 20개
(소금 1큰술, 후춧가루 1/2작은술
맛술 2큰술, 양파즙 2큰술)
튀김기름 약간
다진 마늘 1큰술
다진 파 1/2큰술
다진 생강 1/2작은술
녹말가루 1컵
달걀 1개

양념장

고추장 3큰술
토마토케첩 1/2컵
간장 1큰술
후춧가루 1/2작은술
물엿 2큰술
설탕 2큰술

만들기

1 닭봉은 깨끗하게 씻어서 키친타월을 이용해서 물기를 닦아낸다.

2 ①을 볼에 담고 소금, 후춧가루, 맛술, 양파즙을 넣어서 30분 정도 재어둔다.

3 볼에 양념장 재료를 분량대로 넣고 고루 섞는다.

4 ③의 닭고기에 달걀과 녹말가루를 넣고 고루 섞는다.

5 180℃의 기름에 닭고기를 넣어서 속까지 완전하게 익도록 튀겨낸다.

6 ⑤를 높은 온도에서 한 번 더 튀겨낸다.

7 프라이팬에 기름을 두르고, 마늘 · 생강 · 파 다진 것을 넣어서 잘 볶다가 ③의 양념장을 넣고 끓인다.

8 ⑦에 튀겨놓은 닭고기를 넣어서 잘 볶아낸다.

cooking point

닭강정을 만들 때는 먼저 기름을 떼어내고 굵은 뼈를 발라낸 뒤 먹기 좋게 토막내어 양념에 재어놓는다.
시중에서 파는 닭봉을 이용하면 훨씬 간편하다. 닭고기를 튀길 때 바삭하게 튀기는 것도 중요하지만 자
칫 너무 익혀 딱딱해지는 경우가 있으므로 온도를 조절하여 적당히 튀기는 것이 좋다.

닭칼국수

하얀 결대로 찢은 닭살에 참기름
한 방울 살짝, 호박과 노란 달걀지단을
얹어 내 후루룩 쩝쩝 먹는 닭칼국수.

재료

밀가루 2컵
콩가루 1/2컵
닭살 100g
닭 육수 5컵
호박 1/3개
당근 1/3개
달걀 1개
간장 약간
파 1대
마늘 5쪽
풋고추 1개
붉은 고추 1개
갖은 양념
참기름 · 소금 · 파 · 마늘 약간씩
양념장
고춧가루 2작은술
깨소금 1큰술
참기름 1큰술

cooking point
칼국수의 면은 쫀득쫀득하고
꼬들꼬들해야 맛이 좋으므로,
밀가루 반죽에 달걀을 넣고
손으로 많이 치댈수록
맛있는 면을 만들 수 있다.

만들기

1 닭은 찬물에 핏물을 말끔히 씻는다.

2 호박, 당근은 곱게 채 썰어 소금에 절인다.

3 고추는 반으로 갈라 씨를 털고 굵게 다진다.

4 끓는 물에 파, 마늘을 넣고 손질한 닭을 푹 삶는다.

5 달걀은 황백으로 나누어 풀어서 얇게 지단을 부쳐 호박처럼 채 썰어 준비한다.

6 밀가루에 콩가루를 섞고 물을 조금씩 부어가며 반죽한 후 얇게 밀어 국수를 뽑는다.

7 닭은 푹 삶아 맛을 깊게 우려내고, 닭살은 건져 결대로 찢는다.

8 결대로 찢어 발라낸 살에 참기름, 소금, 파, 마늘로 갖은 양념한다.

9 닭 육수는 간장으로 간한 다음 닭살, 호박, 당근, 고추, 국수를 넣고 끓인다.

10 끓인 칼국수를 그릇에 담고 달걀지단을 얹어낸다.

11 양념장 재료를 분량대로 고루 섞어 매콤한 양념장을 만든 다음 닭칼국수에 곁들여낸다.

일본식 치킨샐러드

다이어트 중이라면 다리살 대신 가슴살을 이용하고, 튀기는 대신 삶거
나 쪄서 요리를 완성하면 칼로리를 효과적으로 줄일 수 있다.

재료

양배추 100g
양상추 100g
깻잎 10장
닭고기(다리살) 2장
오이 1개
달걀 1개
빵가루 1컵
깨소금 2큰술
소금 · 후춧가루 약간씩
밀가루 약간
튀김기름 적당량

소스

다진 양파 1큰술
식초 2½큰술
간장 · 맛술 1큰술씩
샐러드유 1큰술

만들기

1 양배추와 양상추는 한 장씩 뜯어서 한 입 크기로 썰어 찬물에 담가 싱
싱하게 한 다음 건져서 물기를 뺀다.

2 오이는 오돌오돌한 부분을 긁어낸 뒤 깨끗하게 씻어 둥글게 썬다.

3 깻잎은 작게 잘라서 물에 씻은 뒤 물기를 제거한다.

4 닭고기는 속까지 잘 익도록 칼집을 넣은 뒤 소금과 후춧가루를 뿌려
둔다. 달걀은 엉김이 없도록 곱게 풀어둔다.

5 ④의 닭고기에 밀가루를 바르고 달걀물을 씌워 빵가루를 묻힌다.

6 ⑤를 170℃의 기름에 넣어 노릇하게 튀긴 다음 건져서 기름기를 뺀 뒤
1cm 두께로 썬다.

7 볼에 분량의 재료를 넣고 골고루 섞어서 소스를 만든다.

8 그릇에 야채를 담고 튀긴 닭고기를 올린 뒤 ⑦의 소스를 뿌려 잘 섞고
깨소금을 살짝 뿌려 먹는다.

닭고기냉채와 두반장소스

튀기고, 볶는 닭고기 요리에 식상했다면 이 요리를 적극 추천한다. 담백한 닭고기 맛을 그대로 즐기면서 상큼
함까지 맛볼 수 있다면 믿을 수 있을까? 야채를 곁들여 먹어보자.

재료

닭고기(다리살) 4장
대파 1대
마늘 3쪽
생강 1톨
양배추 2잎
오이 · 당근 1/2개씩

두반장소스

간장 2큰술
식초 2/3큰술
다진 마늘 1/2큰술
두반장 1작은술

만들기

1 닭다리는 칼끝으로 뼈 사이에 칼집을 넣어서 뼈를 잘 발라낸 다음 살이 떨
어지지 않도록 넓게 편다.

2 ①의 닭고기는 돌돌 말아서 조리용 실을 이용하여 단단하게 묶는다.

3 대파는 손질하여 물에 씻은 뒤 4cm 길이로 썬다. 마늘과 생강은 저며 썬다.

4 오이와 당근, 양배추는 깨끗하게 손질하여 물에 씻은 뒤 3cm 길이로 아주
곱게 채 썬다. 차가운 물을 담은 볼에 채 썬 야채를 담아 싱싱하게 한다.

5 끓는 물에 4cm 길이로 썬 대파와 마늘, 생강 저민 것을 넣은 뒤 ②의 닭고
기를 넣고 삶는다.

6 ⑤의 닭고기가 알맞게 삶아졌으면 건져서 식힌다.

7 볼에 간장과 식초, 다진 마늘, 두반장을 함께 넣고 섞어 두반장소스를 만든다.

8 ⑥의 닭고기는 실을 풀고 먹기 좋은 크기로 썬 다음 접시에 담는다. 물에 담
가두었던 야채는 꺼내서 물기를 완전히 빼낸 뒤 고기 주위에 돌려 담고 소스
를 얹어낸다. 소스는 식성에 따라 작은 그릇에 담아 따로 내도 좋다.

cooking point

양배추를 통째로 사용할 경우에는 심지 주위에 칼집을 넣어 심지를 빼낸 뒤 구멍
속으로 흐르는 물을 흘려 씻는다. 조금만 떼어 사용할 경우에는 한 장씩 벗겨서
흐르는 물에 깨끗하게 씻는다. 쌈으로 먹을 경우에는 삶거나 데치는 것보다 찌는
편이 훨씬 맛있게 먹을 수 있는 요령이다.

치킨 마카로니 그라탱

만들기는 간단하지만 제법 폼이 나는 멋쟁이 요리. 남자 친구를 초대했다면 이쯤 되는 메뉴로 당신의 세련된 감각을 맘껏 발휘해 보는 건 어떨까.

재료

닭고기 가슴살 100g
우유 2컵
생크림 1/2컵
밀가루 5큰술
파르메산치즈 2큰술
셀러리 1줄기
양파 1/2개
마카로니 150g
소금 · 후춧가루 약간씩
빵가루 2큰술
버터 4큰술

만들기

1 셀러리는 어슷하게 썰고, 양파는 채 썬다.

2 마카로니는 끓는 물에 삶아 건져 버터 1큰술을 넣고 잘 비벼둔다.

3 프라이팬에 버터 3큰술을 넣고 녹인 후 양파와 셀러리를 넣어서 잘 볶는다.

4 ③에 밀가루 5큰술을 넣고 다시 잘 볶는다.

5 ④에 우유를 2~3회 정도로 나누어서 넣어가며 계속 끓인다.

6 ⑤에 생크림을 넣고 끓인다.

7 ⑥에 닭고기를 넣고 삶아두었던 마카로니를 넣어서 잘 섞은 다음 소금과 후춧가루를 넣어 간한다.

8 그라탱 용기에 버터를 얇게 펴 바르고, ⑦을 담은 뒤 치즈를 얹고 빵가루를 뿌려서 200℃의 오븐에서 15분 정도 구워낸다.

그라탱 용기에는 완성된 요리가 달라붙지 않도록 버터를 발라 준비한다. 재료를 담고 먼저 파르메산치즈를 뿌리고 마지막으로 빵가루를 뿌려 오븐에 구울 준비를 한다.

cooking point

그라탱은 재료를 다양하게 선택할 수 있다. 닭고기 대신 쇠고기를 이용해서 만들어도 좋고, 마카로니를 대신해서 스파게티를 삶아서 넣어도 좋다. 더욱 쫄깃한 맛을 느끼고 싶으면 피자치즈를 다져서 뿌리고 오븐에 굽는다.

닭찜

닭고기에 고추를 넣어 매콤하고 개운한 맛의 닭찜을 만들어보자. 쭉쭉 갈라지는 북어살을 함께 넣어
윤기나게 조리고, 쌉쌀한 맛과 향의 미나리로 풍미를 더한다.

만들기

1 닭고기는 깨끗히 손질하여 먹기 좋은 크기로 토막낸다. 마른 고추는 씨를 발라 1cm 폭으로 썰고, 생강은 껍
질을 벗겨 곱게 채 썰어 준비한다.

2 북어포는 다시마와 함께 물에 담가 부드러워지면, 물기를 꼭 눌러 짜고 뼈를 발라낸 뒤 한 입 크기로 토막낸
다. 불린 물은 버리지 말고 찜할 때 부어준다.

3 붉은 고추는 어슷 썰어 씨를 털어내고, 미나리는 5cm 길이로 썰어 준비한다.

4 팬에 기름을 두르고 고추와 저민 생강을 넣어 볶는다. 고추의 매운맛이 우러나면 닭고기의 물기를 닦아 팬에
넣은 다음 앞뒤로 노릇하게 지진다.

5 ④를 망에 밭쳐 녹아 나온 기름을 뺀다.

6 다시마는 가로 3cm, 세로 4cm 정도의 크기로 썬다.

7 물엿과 나머지 재료를 섞어 찜 양념장을 만든다.

8 지진 닭과 북어포, 다시마를 양념장에 버무려 찜할 냄비에 담고, 다시마 불린 물을 반쯤 잠기게 부어 끓인다.

9 마지막으로 붉은 고추와 미나리를 넣고 바싹 조려, 접시에 푸른 채소를 깔고 담아낸다.

재료

닭고기(토막) 200g
후춧가루 약간
마른 고추 2개
식용유 3큰술
북어포 1/2마리
다시마(사방 10cm) 1장
미나리 2줄기
붉은 고추 1개
생강 1톨

찜 양념장 재료

물엿 1큰술
물 1컵
간장 2큰술
다진 파 1큰술
다진 마늘 1/2큰술
설탕 1큰술
깨소금 1/2큰술
참기름 1큰술
후춧가루 약간

Lesson 1
담백한 닭고기요리

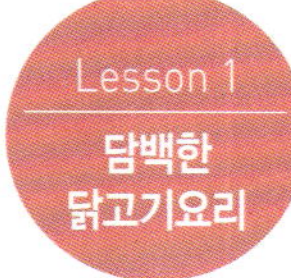

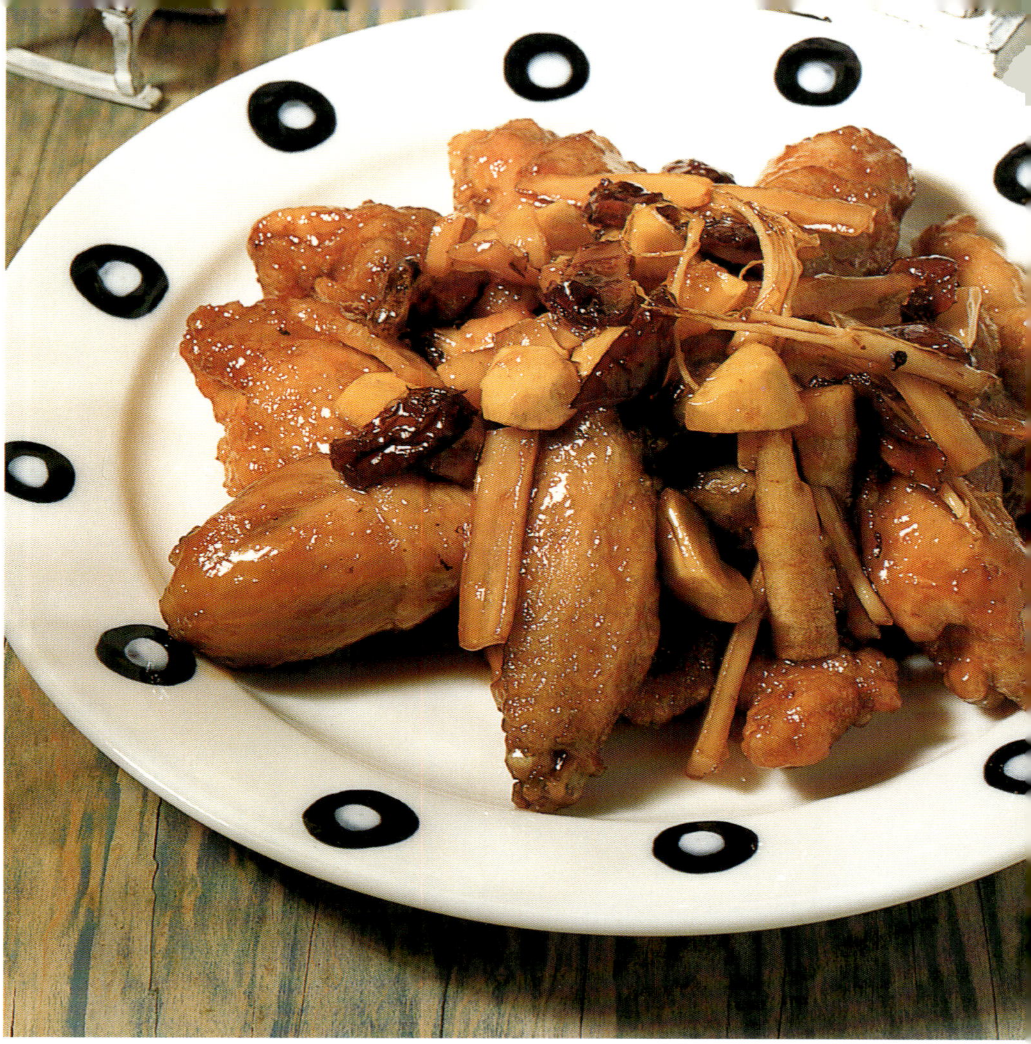

수삼닭강정

노르스름하고 윤이 나게 조려진
닭강정에서 고소한 맛이 솔솔.

재료

닭고기 1kg
소금 · 후춧가루 · 생강즙 약간씩
간장 3큰술
설탕 $1\frac{1}{2}$큰술
대추 3개
마늘 3쪽
땅콩 30g
맛술 2큰술
수삼 3뿌리
밤 5~6개
물엿 2큰술
참기름 1큰술
식용유 약간

만들기

1 닭은 껍질에 주름이 많고 모공이 위로 솟은 것으로 선택하여 먹기 좋은 크기로 자른다.
2 자른 닭은 깨끗이 씻은 후 물기를 없애고 소금, 후춧가루, 생강즙에 잰다.
3 대추는 씻어 씨를 빼고 길이로 썰어 준비한다.
4 수삼과 밤은 껍질을 벗긴 후 반으로 갈라 알맞은 크기로 썰고, 마늘과 땅콩도 굵게 다져서 준비한다.
5 튀김 냄비에 식용유를 붓고 열이 오르면 닭을 두 번 튀겨낸다.
6 냄비에 식용유를 두르고 다진 마늘을 볶다가 간장, 설탕, 맛술을 넣고 물을 부어 끓인다.
7 반 정도 졸아들면 튀긴 닭과 물엿, 수삼, 밤, 대추, 땅콩을 넣고 자작하게 조린다.
8 마지막으로 참기름을 넣고 버무린 후 그릇에 담는다.

cooking point

닭고기로 조림이나 구이 등을 요리할 때에는 껍질을 벗겨보자. 맛있는 양념이 한결 잘 스며들어 솜씨를 자랑할 수 있다. 껍질째 요리하고 싶다면, 포크나 뾰족한 조리 기구를 이용해 콕콕 찔러 구멍을 낸다. 그러면 구멍 사이로 양념이 스며들어 제맛을 낼 수 있다.

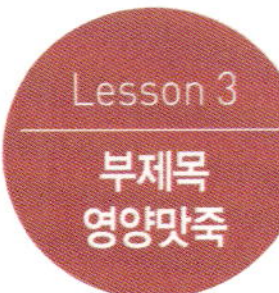

중국식 닭날개냉채

생강을 넣어 향긋한 닭날개에 녹말가루를 묻혀 튀기고, 양상추와 콜리플라워를
접시에 담아 소스를 발라 먹으면 그 맛이 일품이다.

재료

닭날개 6개
양상추 3장
콜리플라워 150g
녹말가루 4큰술
튀김기름 · 맛술 적당량

간장 양념

간장 1큰술
물 3큰술
파(파란 부분) 1대
생강 1톨
소금 · 후춧가루 적당량

단초소스

식초 3큰술
설탕 2큰술
참기름 1큰술
소금 · 간장 · 후춧가루 약간씩
다진 파 1작은술
다진 파슬리 1/2작은술

만들기

1 닭날개 간장 양념에 들어갈 생강은 얇게 저며 썰고, 파는 큼직하게 썬다.

2 간장, 물, 생강, 파, 소금, 후춧가루를 분량대로 넣어 간장 양념장을 만든다.

3 닭날개에 칼집을 두어 번 넣고 간장 양념에 재어 간이 배도록 한다.

4 ③에 술을 조금 넣어 닭 냄새를 없앤다.

5 끓는 물에 소금과 기름을 한 방울 떨어뜨려 양상추를 데친 다음 재빨리 찬물에 헹군다.

6 콜리플라워는 송이송이 작게 떼어 뜨거운 소금물에 데쳐둔다.

7 간이 밴 닭날개는 마른 녹말가루를 고루 묻혀 튀겨낸다. 닭을 두 번 튀겨 바삭하고 맛
있게 한다.

8 작은 그릇에 식초, 간장, 설탕, 참기름, 소금, 후춧가루, 다진 파, 다진 파슬리를 분량대
로 넣어 새콤달콤한 단초소스를 만든 다음 냉장고에 잠시 보관해서 차게 한다.

9 양상추 데친 것을 적당한 크기로 썰고, 접시에 콜리플라워 데친 것, 튀긴 닭날개를 함께
담아서 차게 두었던 단초소스를 끼얹어낸다.

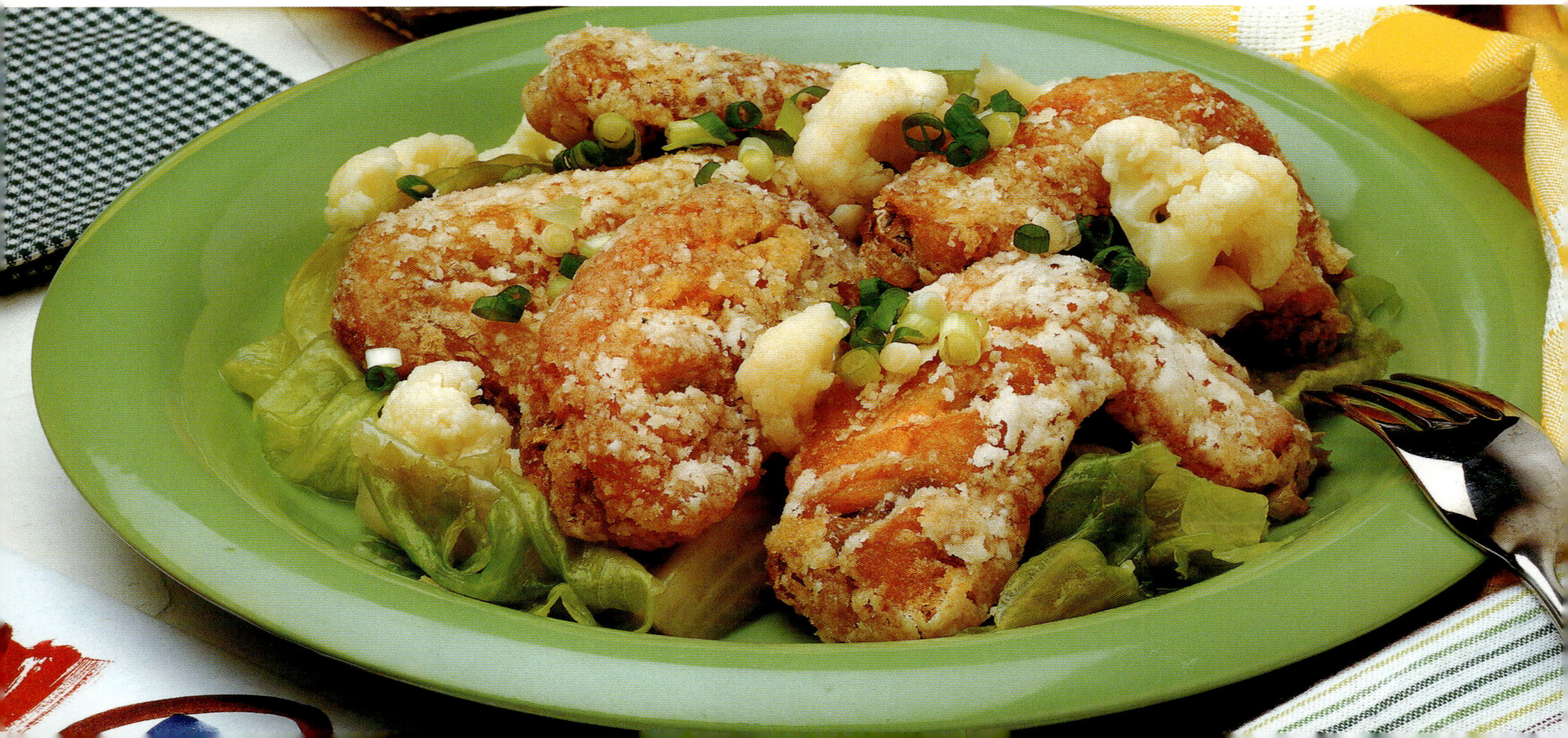

탕수닭

푸릇한 완두콩을 넣은 걸쭉한 소스를 맛있게 튀겨낸 닭다리 위에 끼얹어 완성한다. 두 번 튀겨
바삭한 닭고기에 달콤한 소스가 어울려 고소하고 부드러운 맛을 유감없이 발휘한다.

재료

닭다리 500g
간장 1½큰술
흰 후춧가루 약간
맛술 3큰술
생강즙 1큰술
대파 1대

탕수소스

완두콩 1/2컵
녹말가루 1/2컵
물 1컵
튀김기름 적당량
마늘 4쪽
육수 적당량
소금 · 설탕 약간씩
흰 후춧가루 약간

만들기

1 닭고기는 간장, 흰 후춧가루, 맛술, 생강즙에 재어 냄새를 없앤다.

2 대파는 5cm 정도의 길이로 채 썰고, 마늘은 도톰하게 저며 썬다.

3 완두콩은 살짝 데쳐 준비한다.

4 녹말가루에 물 1컵을 넣어 녹말물을 만든다.

5 잰 닭고기를 적당한 크기로 잘라 녹말가루를 가볍게 입혀 180℃ 정도로 열이 오른 튀김기름
에 바삭하게 두 번 튀긴다.

6 팬에 열이 오르면 기름을 두르고 준비한 마늘을 볶다가 육수를 붓고 설탕, 소금, 흰 후춧가루
를 넣어 간한다.

7 녹말물을 부어 걸쭉하게 한 다음 준비한 완두콩, 대파를 넣어 소스를 완성한다.

8 접시에 튀긴 닭을 담고 소스를 뿌려낸다.

cooking point

닭야채조림 등 뼈가 붙은 닭 요리를 할 때는 살이 두꺼워 속까지 익히는 것이 쉽지 않다. 이런 경
우 뼈를 따라 깊숙하게 칼집을 넣으면 쉽게 익는다. 양념도 속까지 스며들어 맛이 좋다.

Soups
and
Starters
Confident Cooking
Confident Cooking
Soups and S
Vegetarian Coo
Chicken Dishes

닭날개튀김

손님 초대 상차림의 메인 요리로 손색 없는 화려한 모양새의 닭고기 요리. 아이들 생일 파티와 맥주를 즐기는 파티 상에 올리면 대단한 환영과 함께 인기 몰이를 할 수 있는 유력한 아이템.

재료

닭날개 8개
생강즙 · 양파즙 약간씩
소금 · 흰 후춧가루 약간씩
밀가루 · 달걀물 적당량
빵가루 · 튀김기름 적당량

만들기

1 닭날개는 깨끗이 씻은 후 관절을 잘라 2등분한다. 뼈에 붙은 살과 힘줄이 떨어지도록 칼집을 돌려 넣고 살을 훑어내린 뒤 뒤집어 튤립 모양을 만든다.

2 ①의 손질한 닭날개를 생강즙, 양파즙, 소금, 흰 후춧가루로 양념한다.

3 ②의 닭날개에 밀가루, 달걀물, 빵가루 순으로 튀김옷을 입혀서 170℃의 기름에서 튀겨낸다.

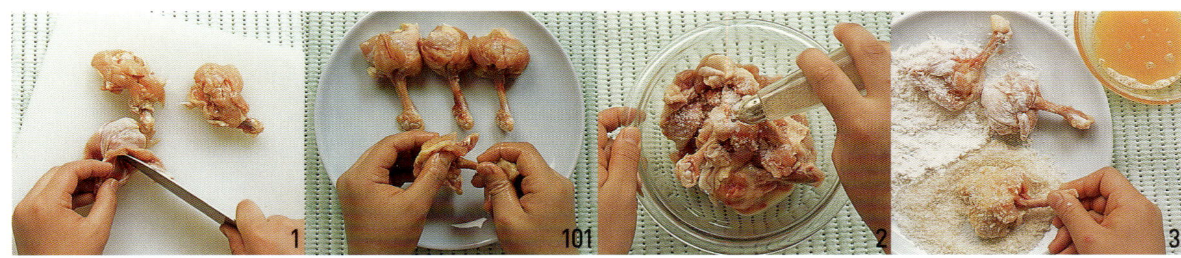

cooking point

닭고기는 껍질에 지방이 많아 양념하여 재어도 맛이 고기 속까지 스며들기 어렵다. 이런 경우에 일반적으로 포크로 찔러 껍질에 구멍을 뚫어놓으면 양념 맛이 잘 스며든다. 닭고기 요리를 맛있게 만드는 비법 하나! 조리할 때 닭고기를 백포도주에 담갔다 사용하면 고기 특유의 냄새도 없앨 수 있을 뿐 아니라 고깃살이 부드러워 더 맛있는 닭 요리를 만들 수 있다.

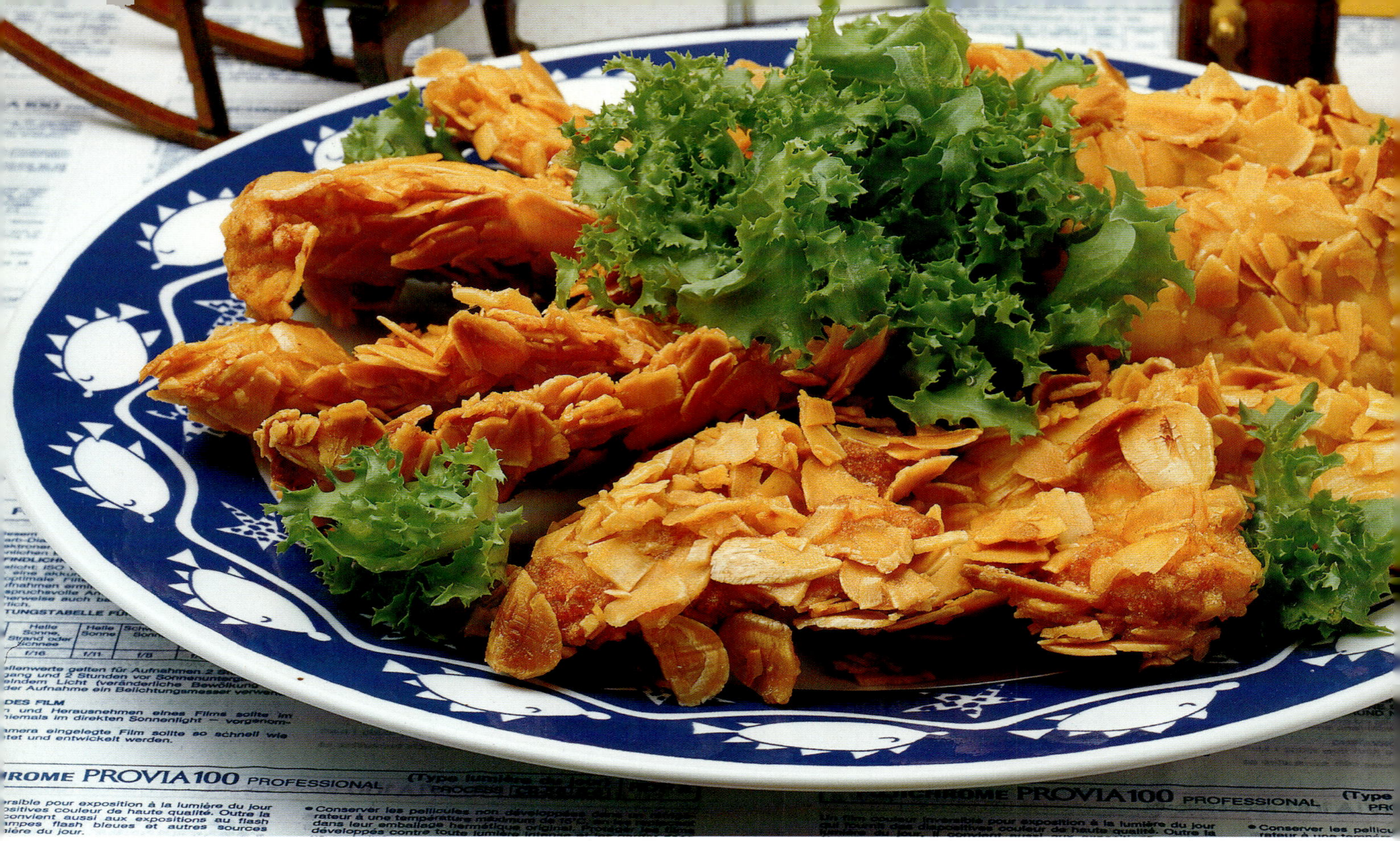

Lesson 1
담백한 닭고기요리

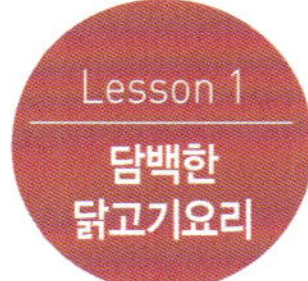

닭고기 아몬드튀김

바삭바삭 튀긴 닭고기에 고소한 아몬드가 톡톡 붙어 있는 닭고기 요리. 아이들 영양 간식은 물론 술안주로도 제격이다. 가슴살을 이용하는데, 조리 과정도 편리하고 맛도 담백하다.

재료

닭고기(가슴살) 250g
소금 · 흰후춧가루 약간씩
생강즙 약간
저민 아몬드 1컵
밀가루 · 달걀물 적당량
튀김기름 적당량
치커리 약간

만들기

1 닭고기 가슴살을 얇게 손질하여 칼집을 내고 소금, 흰 후춧가루, 생강즙에 잰다.

2 잰 고기에 밀가루, 달걀물을 묻혀 저민 아몬드를 고루 입힌다.

3 기름이 뜨겁게 달아오르면 ②를 넣어 튀겨낸다.

4 튀긴 닭은 철망에 밭치거나 키친타월에 잠시 올려놓아 기름을 한 번 뺀 다음 상에 내도록 한다.

5 신선한 치커리를 곁들여 모양을 내어 담아낸다.

닭고기 야채말이튀김

손이 제법 가는 요리. 덕분에 모양은 일품이다. 붉은 당근과 푸른 껍질콩을 닭살로 돌돌 말아 빵가루를 살짝 입혀 바삭하게 튀겨 완성한다.

재료

닭 가슴살 200g
소금, 흰 후춧가루 약간씩
껍질콩 50g
당근 1/2개
밀가루 3큰술
달걀 1개
빵가루 1컵
튀김기름 적당량

만들기

1 닭가슴살은 얇게 포를 떠서 칼집을 준 후 소금, 흰 후춧가루를 뿌려둔다.

2 껍질콩은 끓는 물에 소금을 넣고 데친다.

3 당근은 잔뿌리를 손질하고 깨끗하게 씻어 껍질콩 길이로 굵직하게 썬다.

4 썰어 준비한 당근은 소금과 후춧가루로 간한다.

5 밑간을 해두었던 닭가슴살에 밀가루를 가볍게 묻히고, 당근과 껍질콩을 넣고 돌돌 말아 준비한다.

6 ⑤를 밀가루, 달걀물, 빵가루 순으로 튀김옷을 입힌다.

7 기름이 180℃까지 열이 오르면 ⑤의 닭고기야채말이를 튀긴다.

8 ⑦의 야채말이는 기름을 뺀 후 한 입 크기로 알맞게 썰어 상에 낸다.

02

놀라운 영양, 뒤지지 않는 맛!

Lesson 2···

부드럽고 감칠맛나는 돼지고기 요리

윤기가 흐르는 흰색 지방이 감칠맛을 내는

돼지고기. 지방이라 해서 모두 나쁜 건 아니다.

연분홍 살코기에 붙어 있는 지방은 구우면서

녹아내려 고소한 맛과 부드러움을 더해 줄 뿐

아니라 열로부터 비타민을 지켜준다.

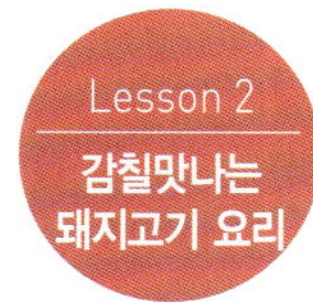

돼지고기 다시마찜

돼지고기 특유의 누린내를 다시마 향과 팔각을 넣어 만든
양념장이 잡아준다. 입에 닿는 느낌이 부드러워 고급스럽다.

재료

돼지고기 삼겹살 500g
다시마 20g
청경채 2줄기
소금 1작은술

양념

생강 저민 것 1톨
마늘 3쪽
팔각 1개
청주 1/2컵
간장 1/4컵
설탕 1큰술

만들기

1 돼지고기는 3cm 크기로 썬다.

2 다시마는 젖은 행주로 잘 닦아서 2cm 크기로 네모지게 자른다.

3 청경채는 4등분해서 끓는 물에 소금을 넣고 파랗게 데쳐서 물기를 뺀다.

4 냄비에 돼지고기와 다시마를 넣고 물을 자작하게 부은 다음 양념 재료를 넣고 끓인다.

5 ④가 끓으면 불을 줄여서 은근하게 1시간 정도 조린다.

6 그릇에 ⑤의 고기와 청경채를 보기 좋게 담아서 낸다.

돼지고기 치즈말이

따뜻할 때 한 입 베어 물면 부드럽고 고소한 치즈 향이 입안 가득
퍼진다.바삭하게 씹히는 맛은 물론, 소리도 맛있다.

재료

돼지고기 300g
슬라이스 치즈 10장
달걀 2개
빵가루 1컵
소금 · 후춧가루 약간씩
튀김 기름 약간

만들기

1 돼지고기는 불고깃감으로 준비하여 접시에 키친타월을 깔고 얹은 후 소금과 후춧가루를 뿌려 밑간한다.

2 슬라이스 치즈는 반으로 썬 다음 밀가루를 얇게 바른 후 여분의 가루를 털어낸다.

3 도마에 고기를 펴놓은 뒤 썰어놓은 치즈를 얹어 사방을 잘 감싸 돌돌 만다.

4 ①은 밀가루, 달걀, 빵가루 순으로 튀김옷을 입힌다.

5 ②는 170℃의 기름에 넣어 노릇하게 튀겨낸 뒤 먹기 좋게 썰어서 낸다.

돼지고기부추잡채

영양은 물론 풋풋한 향까지 감도는 부추와 고추를 넣고 돼지고기 요리를 완성한다. 누릿한 고기냄새는
간데없고 매콤한 고추향이 묻어나는, 그래서 더욱 상큼한 돼지고기 요리를 즐겨보자.

재료

당면 약간
중국부추 100g
돼지고기 150g
양파 1/2개
풋고추 2개
붉은 고추 1개
마늘 2쪽
생강 1톨
간장 1큰술
설탕 1/2큰술
맛술 1큰술
참기름 1/2큰술
소금, 후춧가루 약간씩
식용유 적당량

만들기

1 중국부추는 흐르는 물에서 여러 번 씻어 4cm 길이로 썬다.

2 돼지고기는 5cm 길이로 채 썬다.

3 풋고추, 붉은 고추는 길이로 반을 갈라 씨를 털어내고 4cm 길이로 채 썬다. 마늘·생강도 곱게 채 썬다.

4 양파도 채 썰어 준비한다.

5 당면은 끓는 물에 삶아 8cm 길이 정도로 잘라 준비한다.

6 돼지고기 채썬 것에 참기름, 맛술, 간장, 후춧가루를 뿌려 밑간을 해둔다.

7 팬을 뜨겁게 달군 후에 식용유를 두르고 밑간한 돼지고기와 양파를 넣어 볶는다.

8 준비한 당면은 갖은 양념을 하여 고루 버무린 다음 ⑦에 넣고 살짝 볶는다.

9 고기가 거의 익을 무렵에 손질한 중국부추, 고추 썬 것, 마늘, 생강 썬 것을 넣고 볶는다.

10 소금, 후춧가루로 간을 해 버무린다.

cooking point

부추잡채를 맛있게 하는 방법 팬을 충분히 달구어 찬물을 조금 떨어뜨려 보았을 때 '치이익' 소리가 나면 재빨리 기름을 넣고 재료를 볶는다. 볶을 때는 하얀 야채부터 색이 있는 야채순으로 조리한다. 잡채에 들어갈 당면은 육수에 데쳐내거나 다른 재료를 볶고 맨 나중에 따로 볶으면 더욱 좋은 맛이 난다. 미리 삶은 당면이 붙지 않게 하려면 소쿠리에 건져 식용유로 무쳐두면 된다.

포크커틀릿

일명 돈가스. 브라운소스를 입힌
고소한 튀김 맛을 아이나 어른이나
할 것 없이 모두가 즐기는 음식.

재료

돼지고기(등심) 180g
브라운소스 1/4컵
소금 약간
후춧가루 약간
양파즙 약간
밀가루 약간
달걀물 약간
빵가루 약간
튀김기름 약간
양상추 약간
방울토마토 약간

만들기

1 고기는 덩어리로 준비하여 넓적하게 잘라서 고기 망치로 두드린다.

2 가장자리 힘줄에 칼집을 넣어 소금, 후춧가루를 뿌려 양파즙에 고기를 잰다.

3 달걀은 흰자와 노른자가 고루 섞이게 잘 휘저어 풀어놓는다.

4 고기에 밀가루, 달걀물, 빵가루 순으로 튀김옷을 입혀 170℃의 기름에 노릇하게 튀긴다.

5 접시에 포크커틀릿을 담고 브라운소스를 끼얹는다.

6 양상추와 방울토마토를 예쁘게 곁들인다.

cooking point

두툼한 고기 두께 때문에 속까지 완전히
익지 않는 경우가 종종 생긴다. 이럴 때
고기는 두 번 가열해서 익히는데, 우선
달궈진 팬에서 구운 다음 오븐으로 옮겨
한 번 더 익힌다. 그러면 속까지 익으면
서도 겉은 타지 않아 보기 좋은 요리를
만들 수 있다.

포크소테

살코기만 골라 스테이크처럼
조리한다. 케첩과 우스터소스를 섞어
만든 특별한 소스를 넉넉하게 끼얹어
맛과 향을 더한다.

재료

돼지고기 살코기 600g
양상추 8장
토마토 1½개
소금 · 후춧가루 약간씩
밀가루 · 식용유 약간씩
찬 소스
마요네즈 3큰술
양겨자 1큰술
우스터소스 1/2큰술
파슬리 다진 것 1/2작은술
따끈한 소스
토마토케첩 3큰술
우스터소스 1/2큰술

만들기

1 돼지고기는 살코기만으로 준비하여 도톰하게 저며 칼등이나 고기 망치로 자근자근
두드린 다음, 소금과 후춧가루를 뿌려 밑간한다.

2 양상추는 한 입 크기로 잘라 소금 약간과 식용유를 넣은 끓는 물에 파랗게 데쳐낸다.

3 토마토는 끓는 물에 살짝 데쳐 껍질을 벗겨 먹기 좋은 크기로 잘라 씨를 뺀다.

4 밑간을 해 준비한 돼지고기에 밀가루를 고루 묻힌다.

5 식용유를 두르고 팬을 뜨겁게 달구어 준비한 뒤 ④의 돼지고기를 앞뒤로 노릇하게 지져낸다.

6 냄비에 토마토케첩과 우스터소스를 분량대로 넣고 잘 섞어 살짝 끓인 다음 따끈한 소스를 만든다.

7 마요네즈와 양겨자, 우스터소스, 다진 파슬리를 섞어 다른 하나의 찬 소스를 만든다.

8 접시에 데쳐낸 양상추를 깔고, 그 위에 지진 돼지고기를 얹은 다음 토마토로 장식하고 소스를 곁들여낸다.

생강장 고기 구이

생강 양념장에 돼지고기를 재어
지글지글 구워낸 덕에 산뜻한 맛
이 일품인 구이 요리.

재료

돼지고기(방아살) 600g
피망 1개
팽이버섯 1/2봉지
크레송, 소금, 버터
후춧가루 약간씩

생강장 조림장

생강 6톨
간장 $4\frac{1}{2}$큰술
맛술 4큰술
설탕 $2\frac{1}{2}$큰술

만들기

1 결이 부드러우므로 구이용으로 적합한 방아살은 0.5cm 두께로 썰어서 준비한다.

2 피망은 반으로 자른 후 채 썬다.

3 팽이버섯은 뿌리 쪽을 자른 후 흐르는 물에 씻는다.

4 조림용으로 사용할 생강은 저며 썬다.

5 냄비에 간장, 맛술, 설탕, 생강을 분량대로 넣고 걸쭉하게 조려 조림장인 생강장을 만든다.

6 팬에 기름을 두르고 썬 고기를 지진 후 생강장을 골고루 발라가며 굽는다.

7 팬에 버터를 두르고 깨끗이 손질된 팽이버섯을 넣어 볶으면서 소금으로 간한다.

8 ⑦에 채 썰어 준비한 피망을 볶으면서 소금과 후춧가루로 간을 맞춘다.

9 그릇에 구운 고기를 넣고 크레송을 몇 잎 얹은 다음 ⑧의 야채볶음을 곁들인다.

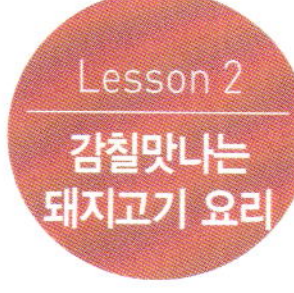

삼겹살찜

말랑말랑한 육질이
단맛과 함께 살아나면서
밝은 갈색빛으로
맛깔스럽게 조려진 찜 요리.

재료

삼겹살 600g
대파 1대
맛술 3큰술
생강 1/2톨
마늘 3쪽
청경채 80g
래디시 약간

조림장

물 3컵
설탕 2큰술
간장 3큰술
맛술 3큰술
흰 후춧가루 1/2작은술
생강 약간
마늘 3쪽

cooking point

삼겹살은 고깃결이 약간 거칠지만
질기지는 않다. 구이용으로 많이
사용되고 있지만 짙은 맛을 지니
고 있어 장시간 끓이거나 찌는 요
리에도 적당한 재료다. 찜이나 편
육으로도 만든다.

만들기

1 삼겹살은 기름이 뽀얗고 고기는 담홍색인 것으로 선택한다.

2 대파는 다듬고, 마늘과 생강은 저며서 준비한다.

3 청경채는 다듬은 후에 끓는 물에 소금을 약간 넣고 데쳐 찬물에 헹궈 준비한다.

4 준비된 삼겹살에 대파, 저민 생강과 마늘을 얹고 맛술을 뿌린 후 찜통에 넣고 40분 정도 찐다.

5 찐 삼겹살을 1.5cm 두께로 큼직하게 썬다.

6 팬에 기름을 살짝 두르고 열이 오르면 큼직하게 썬 삼겹살을 넣고 앞뒤 노릇하게 굽는다.

7 냄비에 준비한 조림장 재료를 분량대로 넣고 고루 섞은 후 구운 고기를 넣는다.

8 약한 불에서 조림장 국물이 다 졸아들 때까지 조린다.

9 팬에 기름을 두르고 데친 청경채를 볶으면서 소금, 후춧가루로 간한다.

10 그릇에 조린 고기와 청경채를 담고 래디시로 곱게 장식한다.

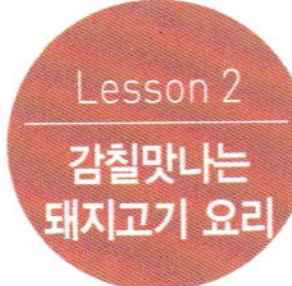

돼지고기
완자조림

동글동글 매콤한 완자를 살짝 꿴 꼬치
에 푸른 고추로 상큼한 맛을 더한다.

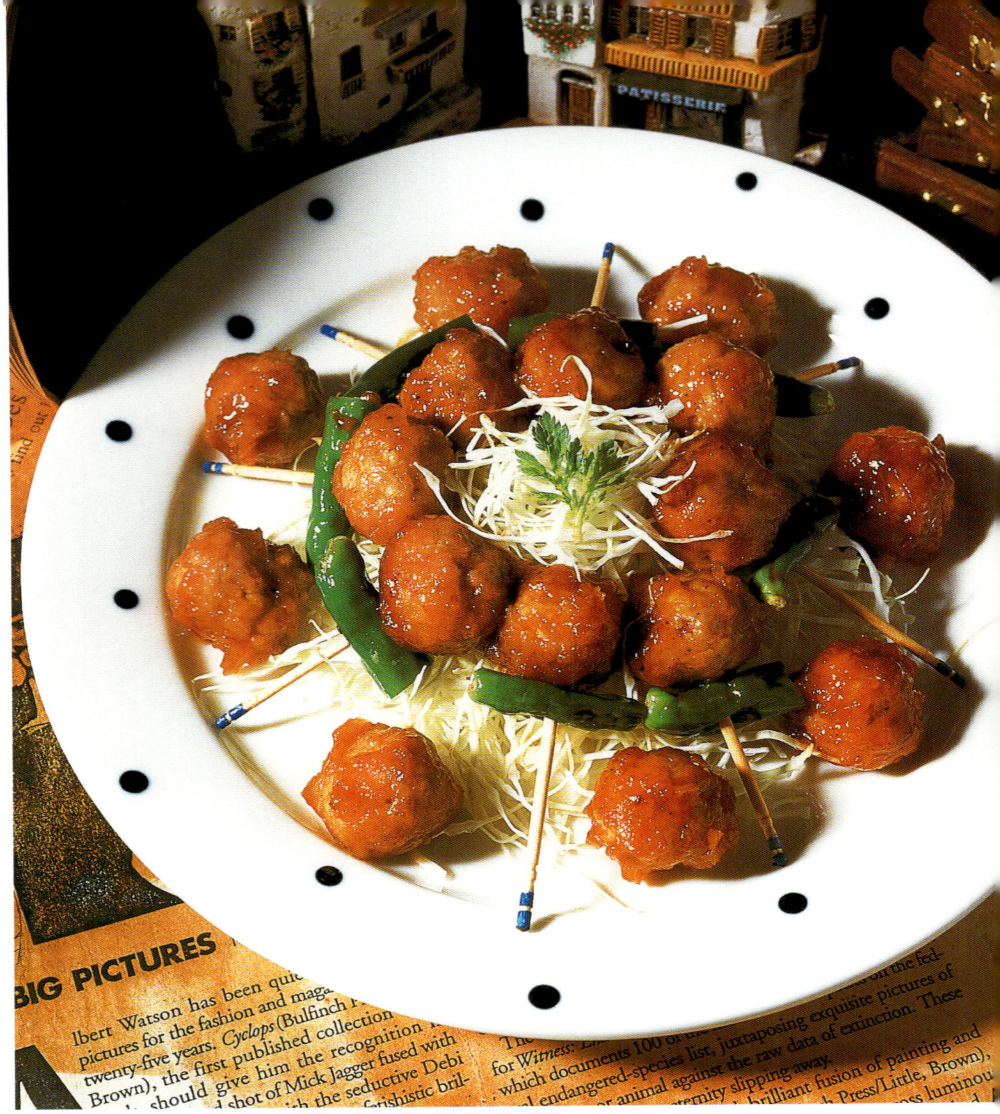

재료

돼지고기 300g
양파 1/2개
다진 마늘 1큰술
생강즙 1작은술
녹말가루 2큰술
소금, 후춧가루 약간씩
양배춧잎 2장
풋고추 5개
꼬치 적당량

양념장

고추장 2큰술
맛술 2큰술
설탕 1½큰술
간장 1/2큰술
물 1/2컵

만들기

1 돼지고기는 기름기를 제거하고 살코기로만 곱게 다진다.

2 양파는 껍질을 벗긴 다음 씻어서 다진다. 양배추는 채 썬다.

3 풋고추는 손질해서 깨끗이 씻어 물기를 제거한다.

4 다진 양파는 기름 두른 팬에 넣고 살짝 볶는다.

5 다진 돼지고기와 볶은 양파, 다진 마늘 1큰술, 생강즙 1작은술과 녹말가루를 넣고 버무린다.

6 버무린 ⑤를 끈기가 생기도록 치댄 후 먹기 좋게 둥근 완자를 만든다.

7 팬에 기름을 두르고 충분히 달군 후 완자가 달라붙지 않도록 굴려가면서 익힌다.

8 고추장, 맛술 등 양념장 재료를 분량대로 넣어 섞는다.

9 익힌 완자를 냄비에 넣고 준비해둔 양념장 ⑧을 골고루 뿌린다.

10 양념장이 고루 배도록 조린 다음 풋고추를 넣고 살짝 버무린다.

11 꼬치에 조린 완자와 풋고추를 가지런히 예쁘게 꿴다.

12 접시에 채 썬 양배추를 깔고, 꼬치를 둥글게 담아낸다.

돼지고기 꼬치구이

매콤하게 양념한 고기를 하나 쏙,
돼지고기의 느끼함을 없애는
푸른 대파를 하나 쏙 그리고 살짝하게
씹히는 고깃살을 하나 또. 번갈아
먹는 재미가 입을 즐겁게 한다.

만들기

1 돼지고기는 살코기가 핑크빛을 띠고 윤기가 나며 탄력 있는 것을 선택한 후 8cm 길이로 자른다.

2 대파는 흰 부분과 파란 부분의 경계가 뚜렷한 신선한 것을 선택하여 6cm 길이로 자른다.

3 고추장 1큰술에 진간장, 다진 파, 다진 마늘, 깨소금, 설탕, 참기름, 생강즙, 후춧가루를 분량대로 섞어 양념장을 만든다.

4 꼬치에 자른 돼지고기와 대파를 번갈아 꿴다.

5 석쇠나 프라이팬에 식용유를 두르고 꼬치를 살짝 익힌 다음 양념장을 발라가며 익힌다.

6 그릇에 모양 있게 담아낸다.

cooking point

구이용의 돼지고기는 등심, 방아살, 삼겹살, 갈비, 뒷다리가 적당하지만 돼지고기는 각 부위별로 육질에 큰 차이가 없고 어느 부분이든지 비교적 연하다. 구울 때 지방이 녹아내려 음식에 풍미를 주므로 지방을 완전히 제거하기보다는 알맞게 남겨두고 구워야 맛있게 먹을 수 있다.

재료

돼지고기 200g
대파 5대
산적꼬치 적당량
식용유 약간

양념장

고추장 1큰술
진간장 1큰술
다진 파 1큰술
다진 마늘 1작은술
깨소금 1작은술
설탕 1큰술
참기름 1작은술
생강즙 1작은술
후춧가루 약간

바비큐포크찹

바비큐 소스의 독특한 맛이 살아 있는
돼지고기 요리. 아이들이 특히 좋아하
는 아이템.

재료

돼지고기 240g
소금 · 후춧가루 · 양파즙 약간씩
밀가루 식용유 약간

바비큐소스
다진 마늘 1작은술
다진 양파 2큰술
토마토케첩 4큰술
육수 2/3컵
식초 2큰술
흑설탕 2큰술
월계수잎 · 소금 약간씩
후춧가루 약간
버터 약간

만들기

1 돼지고기는 고기 망치로 두드려 부드럽게 한다.

2 ①은 0.5cm 두께로 썰어 칼집을 넣고, 소금과 후춧가루를 뿌려 양파즙에 잰다.

3 잰 돼지고기는 밀가루를 묻혀 열이 오른 팬에 앞뒤로 지져낸다.

4 냄비에 버터를 두르고 다진 마늘과 다진 양파를 볶다가 토마토케첩을 넣어
충분히 볶은 후 육수를 붓고 월계수잎을 넣어 끓인다.

5 어느 정도 맛이 어우러지면 소금과 후춧가루로 간을 하고, 식초와 흑설탕을 넣어
맛을 낸 후 ③을 넣어 조린다.

6 감자튀김이나 볶은 브로콜리를 곁들여낸다.

Lesson 2
감칠맛나는 돼지고기 요리

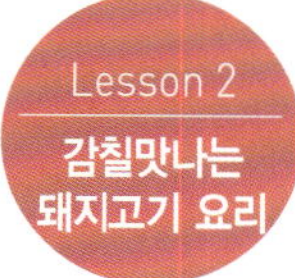

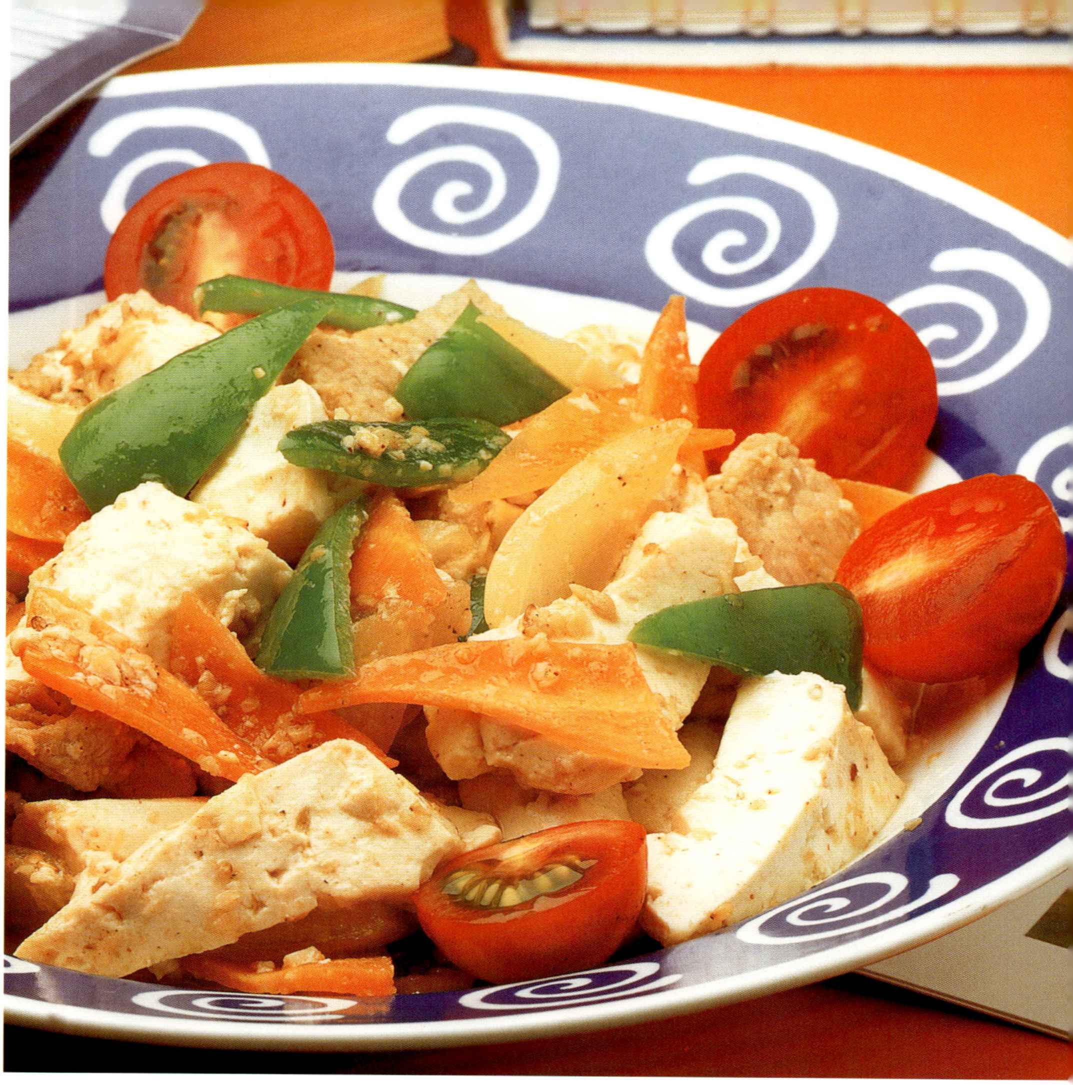

돼지고기 두부야채볶음

냉장고에 조금씩 남아 있는 야채들을 모아 돼지고기와 궁합을 맞췄다. 색색의 야채를 넣어 맛도 영양도 풍부하다.

재료

두부 200g
돼지고기 50g
(소금, 흰 후춧가루, 생강즙 약간씩)
당근 50g
피망 1/2개
양파 1/2개
마늘 3쪽
육수 1/2컵
맛술 1큰술
후춧가루 약간
설탕 1작은술
간장 1작은술

녹말물
녹말가루 1큰술
물 1큰술

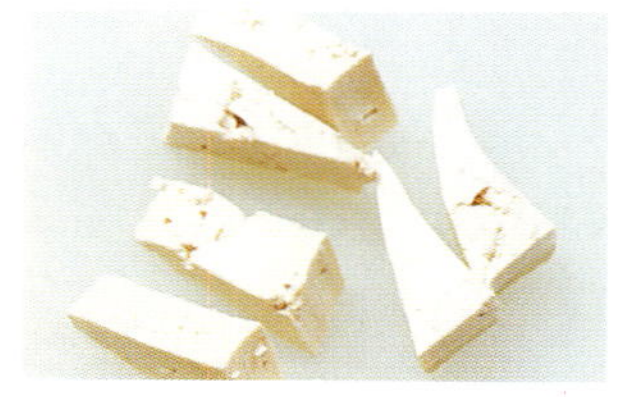

만들기

1 두부는 물기를 빼서 준비한다.
2 당근, 양파, 피망은 삼각형으로 썬다.
3 돼지고기는 소금, 흰 후춧가루, 생강즙으로 잰다.
4 마늘은 곱게 채 썬다.
5 녹말가루와 물은 같은 분량으로 섞어 녹말물을 만들어 준비한다.
6 두부는 삼각형으로 썰어 녹말가루를 묻혀 뜨거워진 기름에 넣고 튀긴다.
7 육수에 간장, 소금, 후춧가루, 맛술, 설탕으로 간을 해 끓인다.
8 열이 오른 팬에 기름을 두르고 마늘을 넣어 볶다가 돼지고기를 넣는다.
9 ⑧에 야채를 넣고 볶다가 ⑦과 튀긴 두부를 넣는다. 끓어오르면 녹말물을 붓고 섞는다.

cooking point
두부 물기 없애는 요령은? 데치는 방법을 이용하면 두부의 물기를 쉽게 없앨 수 있다. 끓는 물에 두부를 넣어 보글보글 끓기 시작해서 2~3분 지나면 건져 그대로 한김 식힌다. 식으면서 수분이 빠져나가기 때문이다. 그리고 헝겊을 이용해 물기를 없앨 때는 반드시 젖은 헝겊을 이용한다.

양장피잡채

손이 많이 가긴 하지만 만들기가 어렵지는 않다. 시간 여유가 있다면 도전해 보자. 다른 메뉴 없이도 손님 초대상이 화려하게 변신한다.

만들기

1 양장피는 따뜻한 물에 불려서 냉수에 씻어 잘게 찢는다.

2 돼지고기는 가늘게 채 썰어 갖은 양념에 무치고, 양파 · 배추 · 파도 채 썰어 준비한다.

3 팬에 기름을 두르고 갖은 양념을 한 돼지고기를 볶은 다음 야채를 넣고 간장, 소금, 후춧가루로 간한다. 부추는 5cm 길이로 썰어 마지막에 넣어 볶는다.

4 쇠고기는 삶아 채로 썰고 새우는 등쪽 내장을 빼고 삶아 껍질을 벗기고 가늘게 썬다.

5 달걀은 황백 지단을 부쳐 채 썰고 당근과 오이도 같은 크기로 채 썬다.

6 분량대로 재료를 섞어 겨자 초장을 만든다.

7 접시에 ④, ⑤의 고명을 둘러 담고, 가운데에 ①의 양장피를 깐 다음 ③의 볶은 돼지고기와 야채를 담은 후 겨자 초장을 뿌려낸다.

재료

돼지고기 50g(갖은 양념)
양파 1.2개
배춧잎 2장
파 약간
부추 5줄기
간장 · 소금 · 후춧가루 약간씩
양장피 1장
쇠고기 50g
새우 30g
달걀 1개
오이 1/2개
당근 1/4개

겨자 초장

겨자 갠 것 1큰술
소금 1/2작은술
간장 1/2작은술
설탕 2작은술
물 2큰술
식초 2큰술
참기름 1작은술

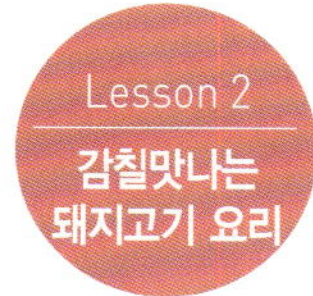

고추잡채

중국집 고유 메뉴인 고추잡채를 집에서 만들어보자. 준비한 야채를 고루 넣으면 돼지고기의 풍미를 더할 수 있다. 채식을 즐기는 경우라면 돼지고기의 양을 줄이고, 야채의 양을 늘려 조리하면 효과적이다.

만들기

1 돼지고기는 채로 썰어 고기 양념을 넣고 양념한다.

2 피망은 4cm 길이로 채 썬다.

3 붉은 고추는 반 갈라서 씨를 털어낸 다음 4cm 길이로 채 썰고, 양파도 채 썬다.

4 프라이팬에 기름을 두른 다음 양념한 돼지고기에 녹말가루를 묻혀 넣고 볶는다. 여기에 양파를 넣고 볶다가 피망과 붉은 고추를 넣고 볶은 다음 소금과 후춧가루를 넣어 간한다.

재료

돼지고기 200g
피망 1개
붉은 고추 1/2개
양파 1/2개
녹말가루 약간
소금 약간
후춧가루 약간

고기 양념

간장 1½큰술
설탕 2작은술
다진 마늘 1작은술
다진 파 2작은술
깨소금 1작은술
생강즙 1/2작은술
후춧가루 약간

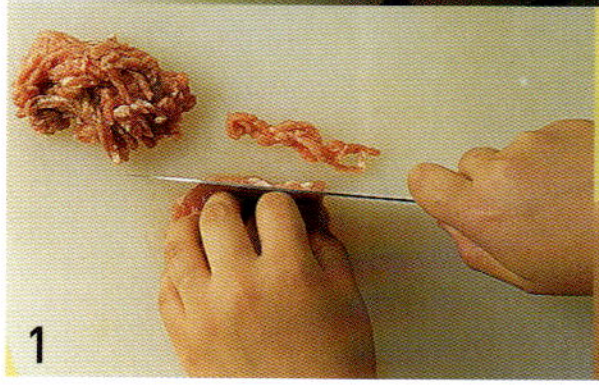

비프 스트로가노프

만들기는 쉽지만 완성된 폼은 그럴듯한 서양 요리. 가족 모두가 함께하는 주말 저녁,
사랑하는 사람들과 작은 파티를 열어 보자.

재료

쇠고기 불고깃감 300g
양파 1개
밥 4공기
생표고버섯 4개
다진 파슬리 1큰술
생크림 4큰술
샐러드유 약간
밀가루 1큰술
물 1½컵
토마토케첩 4큰술
우스터소스 1½큰술
소금 · 후춧가루 약간씩

만들기

1 양파는 껍질을 벗겨 물에 씻은 뒤 반으로 잘라 채 썬다.

2 쇠고기는 먹기 좋게 한 입 크기로 썰고, 생표고버섯은 기둥을 떼내어 납작하게 썰어 준비한다.

3 프라이팬에 기름을 두른 뒤 양파를 넣고 볶다가 표고버섯, 쇠고기 순으로 넣어 계속해서 볶는다.

4 ③에 밀가루를 넣고 날가루가 보이지 않을 때까지 볶다가 물 1½컵을 부어 끓인다.

5 ④에 토마토케첩과 우스터소스를 넣고 잘 섞어 뭉근하게 끓이다가, 소금과 후춧가루를 넣어 간을 맞춘다.

6 ⑤를 4~5분 정도 더 끓이다가 분량의 생크림을 넣고 한 번 휘저어 섞은 뒤 불을 끈다.

7 그릇에 밥을 담고 ⑥을 얹은 후, 다진 파슬리를 뿌려 장식한다.

cooking point

남은 고기 보관방법 고기는 냉장고에 넣어 신선하게 보관하는 방법이 있다. 쇠고기나 돼지고기를 포함한 모든 고기는 얇게 썬 것보다는 덩어리째 보관하는 것이 쉽다. 한 번 사용할 만큼씩 나누어 랩이나 깨끗한 비닐봉지에 넣어 냉동실에 보관해도 좋다. 포장할 때는 공기가 들어가지 않도록 주의한다. 냉장실에 보관할 수 있는 기간은 돼지고기나 얇게 썬 고기는 3일 정도이고, 쇠고기는 4일 정도이다. 얇게 썬 고기는 약한 불에 그을려서 보관하면 좀더 오래 보관할 수 있다.

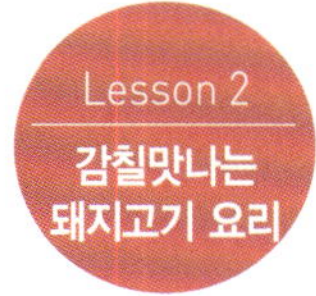

돼지고기와
버섯 넣은 녹두전

돼지고기와 버섯을 넣고 노릇하게 지져낸 녹두전.
반죽에 찹쌀가루를 조금 넣어 쫄깃한 맛을 더한다.

재료

녹두 간 것 3컵
찹쌀가루 2~3큰술
소금 약간
돼지고기 삼겹살 150g
(간장 1큰술, 다진 마늘 1/2큰술)
배추김치 1/4포기
말린 표고버섯 6개
파 50g
식용유 약간

만들기

1 녹두는 물에 5시간 이상 불렸다가 손으로 비벼 씻어서 껍
질을 없앤다. 씻을 때는 물을 여러 번 흘려 보내면서 씻는다.

2 ①의 녹두를 믹서에 넣고 되직하게 갈다가 찹쌀가루를 넣
고 간 후 소금으로 간을 한다. 시중에서 파는 갈아놓은 녹두
를 사용해도 된다.

3 돼지고기는 작게 썰어서 간장, 마늘 다진 것에 재어둔다.

4 배추김치는 소를 털어내고 국물을 짠 후 채를 썬다.

5 표고버섯은 미지근한 물에 불렸다가 기둥을 떼고 채 썰고,
파도 채 썬다.

6 팬에 기름을 두르고 김치를 볶다가 돼지고기와 버섯을 차
례로 넣고 볶는다. 끝으로 파 썬 것을 넣고 살짝 볶아낸다.

7 프라이팬에 기름을 두르고 ②의 녹두 반죽을 한 숟가락 떠
서 놓은 다음 그 위에 ⑥의 볶은 재료를 얹는다.

8 ⑦ 위에 다시 녹두 반죽을 고명이 조금 보이도록 얹고 밑면
이 노릇하게 지져지면 뒤집는다. 초간장을 곁들인다.

돼지갈비콩비지찜

개운한 김치의 맛과 구수한 고기 맛이 국물로 우러나면 곱게
갈아 준비한 콩비지를 넣어 몽글몽글 끓인다.

재료

흰콩 1컵
돼지갈비 200g   간장 1큰술
배춧잎 3장   참기름 1큰술
대파 1대   후춧가루 약간
붉은 고추 1개
식용유 약간   **양념장**
다진 마늘 1큰술   다진 파 · 다진 마늘 1큰술씩
다진 생강 1작은술   참기름 · 깨소금 1큰술씩
                간장 3큰술

만들기

1 흰콩은 물에 담가 하룻밤 정도 불렸다가 양손으로 비벼 껍질을 벗기고
믹서에 넣어 물을 조금씩 부어가면서 갈아둔다.

2 돼지갈비는 찬물에 담가 핏물을 빼고, 필요 없는 기름은 제거한다. 배
춧잎은 끓는 물에 살짝 데쳐 물기를 꼭 짠다. 대파와 붉은 고추는 비슷한
크기로 어슷어슷하게 썰어놓는다.

3 준비한 돼지갈비는 다진 생강과 후춧가루로 밑간을 해 양념이 고루 스
며들도록 한다. 데친 배춧잎은 숭숭 썰고, 마늘과 참기름을 넣어 무친다.

4 냄비에 기름을 둘러 ③의 갈비를 볶다가 물을 조금 부은 다음 5 ~10
분 정도 푹 끓인다. 양념한 배추와 ①을 넣은 후, 젓지 말고 계속해서 끓
인다.

5 한소끔 끓으면 불을 줄여 15분 정도 끓이다 중간에 어슷썬 대파와 고
추를 넣는다. 다진 파, 다진 마늘, 간장, 깨소금, 참기름을 섞어 양념장을
만든다. 입맛에 따라 새우젓을 넣기도 한다.

6 콩비지찜을 그릇에 담고 양념장을 곁들인다.

돼지고기
파말이

알싸한 맛의 파를 고소하게 구운
돼지고기로 돌돌 말아 겨자소스에
찍어 먹는 맛! 맛도 모양도 일품이다.

재료

돼지고기(목등심) 300g
대파 2대
찹쌀가루 1/2컵

양념장

다진 파 1½큰술
다진 마늘 1/2작은술
다진 생강 1작은술
맛술 1큰술
간장 1½큰술
설탕 1큰술
참기름 1작은술

겨자소스

겨자 갠 것 1큰술
소금 1작은술
간장 1작은술
설탕 2작은술
식초 2큰술
물 2큰술

만들기

1 돼지고기는 불고깃감으로 준비한다.

2 원형 돼지고기는 손질하여 썬다.

3 파는 썰어서 찬물에 담가 매운맛을 뺀다.

4 양념장 재료를 분량대로 고루 섞어 만든다.

5 손질한 고기에 양념장을 바른다.

6 ⑤의 고기에 찹쌀가루를 가볍게 묻힌 후 열이 오른 팬에 지진다.

7 채 썬 파는 물기를 뺀 후 ⑥의 고기로 말아놓는다.

8 분량의 재료를 고루 섞은 다음, 겨자소스를 만들어 돼지고기파말이에 곁들여낸다.

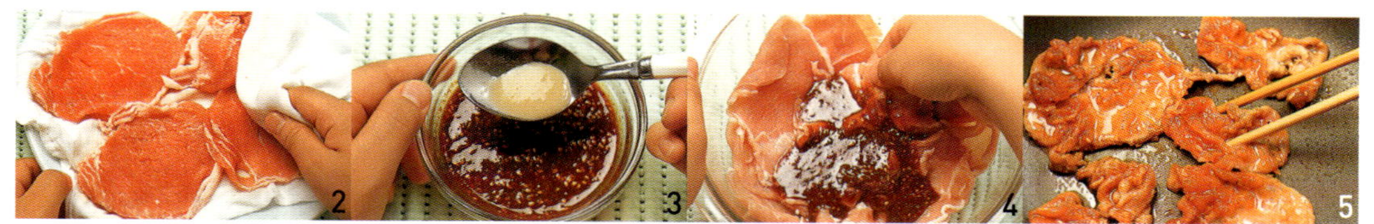

돼지고기불고기

모두가 즐겨 먹는 돼지고기 고추장 불고기. 숯불에 구울 수 있다면 더욱 맛이 풍부해진다.

만들기

1 돼지고기는 불고깃감으로 준비해 썬다.

2 돼지고기는 마른 수건으로 물기와 핏물을 뺀다.

3 우묵한 볼에 분량의 재료를 섞어 양념장을 만든다.

4 준비한 돼지고기에 양념장을 넣고 고루 맛이 배게 버무린다.

5 팬에 기름을 두른 다음 양념한 고기를 넣고 굽는다.

6 접시에 상추를 깐 다음 담아낸다.

재료

돼지고기 200g
식용유, 상추 약간씩
양념장
간장 1/2큰술
고추장 1큰술
고춧가루 1작은술
설탕 1큰술
다진 파 1큰술
다진 마늘 1/2큰술
생강즙 1작은술
깨소금 1/2큰술
참기름 1/2큰술
맛술 1큰술
후춧가루 약간

03

입안에서 살살 녹는 부드러운 육질의 지존!

Lesson 3 ···

섬세한 맛과 향으로 즐기는 쇠고기 요리

가늘고 섬세한 결을 지닌 선홍색 살코기와

흰색 지방이 맛으로 선명하게 살아나는 쇠고기 요리.

육즙이 새어나오지 않도록 높은 온도에서

빠른 시간에 조리해야 특유의 맛과 향을 즐길 수 있다.

부드럽고 섬세한 쇠고기 요리를 만나 보자.

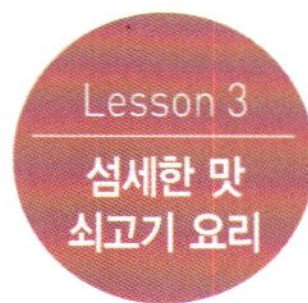

쇠고기등심편채

씹히는 맛이 일품인 등심 요리. 야채와 함께 즐기는 건강 메뉴.

재료

쇠고기 등심 300g	진간장 2/3큰술
깻잎 5장	설탕 2큰술
무순 약간	식초 2큰술
피망 1/2개	소금 1/2큰술
양파 1/4개	맛술 1큰술
붉은 고추 1개	레몬즙 1/2개분
찹쌀가루 1/2컵	배 간 것 1/4개분
소금·후춧가루 약간	사과 간 것 1/2개분
식용유 약간	다진 마늘 1작은술
겨자소스	깨소금 약간
겨자 1큰술	

만들기

1 쇠고기 등심은 0.2cm 두께로 얄팍하게 썰어 냉동된 상태에서 소금, 후춧가루로 간하고 찹쌀가루를 뭉치지 않도록 묻혀놓는다.

2 깻잎, 무순, 피망, 양파, 붉은 고추는 3~4㎝ 길이, 0.2cm 두께로 얇게 채 썰어서 한데 버무린다. 얼음물에 잠시 담갔다가 싱싱해지면 체에 건져서 물기를 빼놓는다.

3 팬에 기름을 두르고 달궈지면 ①의 찹쌀가루 묻힌 고기를 한 장씩 살짝 지져낸다. 고기가 식기 전에 ②의 야채를 얹고 말아놓는다. 고기에 찹쌀옷을 입혔기 때문에 식기 전에 말아놓으면 끝부분이 잘 풀리지 않는다.

4 소스를 만들어 쇠고기 야채말이와 곁들여 접시에 담아낸다.

쇠고기안심편채

등심보다 부드러워 어른 상차림에 제격. 모양만큼 맛도 근사하다.

재료

쇠고기(안심) 250g	깨소금 약간
찹쌀가루 1/2컵	참기름 약간
오이 1/2개	후춧가루 약간
당근 1/4개	**겨자소스**
셀러리(5cm 길이) 1대	겨자 갠 것 1큰술
무순 30g	소금 1작은술
양념장	설탕 2작은술
간장 1큰술	식초 2큰술
설탕 2작은술	물 2큰술
파 다진 것 약간	
마늘 다진 것 약간	

만들기

1 분량의 재료를 섞어서 양념장을 만든다.

2 안심은 3~4cm 길이, 0.5cm 두께로 얄팍하게 썰어 ①에 가볍게 무친 후 찹쌀가루를 묻혀서 열이 오른 팬에 기름을 두르고 지져낸다.

3 오이, 당근, 셀러리는 5cm 길이로 가늘게 채 썰어 놓는다. 무순은 뿌리 쪽을 약간 잘라서 씻는다.

4 ②의 고기에 ③의 야채를 넣어서 말아준다.

5 분량의 재료를 넣어 겨자소스를 만들어 찍어 먹는다.

cooking point

겨자를 뜨거운 물에 개서 따뜻한 곳에 10분쯤 두어 발효시킨 후 다시 뜨거운 물을 부어 3분 정도 두었다가 물을 따라내면 쓴맛을 없앨 수 있다.

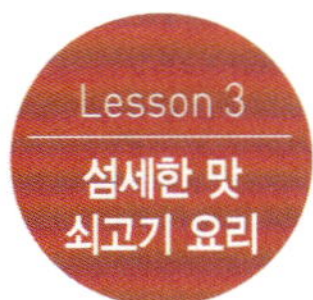

LA갈비구이

어른 아이 모두가 좋아하는 인기 메뉴. 양파 즙과 배즙을 넣어 육질을 부드럽게 만드는 것이 맛의 포인트.
야채 무침과 곁들여 상에 내면 음식 궁합을 이룰 수 있다.

재료

LA갈비 200g
양파 · 배 1/4개씩
대파 1/2대, 마늘 2쪽
양념
청주 1큰술
간장 1큰술
설탕 · 참기름 1작은술씩
깨소금 2작은술
후춧가루 약간
물엿 1½큰술

만들기

1 갈비는 찬물에 담가 핏물을 뺀 다음 건져서 물기를 제거한다.

2 양파와 대파, 마늘, 배는 껍질을 벗겨 물에 씻은 뒤 물기를 충분히 거두어
믹서에 넣어 간다.

3 ②에 양념 재료를 넣어 골고루 섞은 뒤 물기를 제거한 갈비를 넣어 2시간 정도 잰다.

4 프라이팬에 기름을 약간 두른 뒤, 양념에 재어놓은 고기를 넣고 굽는다.

cooking point

갈비의 기름기 없애는 방법 갈비는 찬물에 담가 핏물을 뺀 다음 냄비에 담고 물을 넉넉히 부어 푹 끓인 다음 식히면 위에 하얀 기름이 생긴다. 이때 체에 가제나 종이를 깔고 맑은 국물만 따라내면 손쉽게 기름기를 없앨 수 있다. 갈비에 붙은 기름도 식은 후 떼어내고 끓이면 된다. 같은 방법으로 2~3회 기름기를 걷어내면 맑은 갈비 국물을 만들 수 있다.

햄버그 스테이크

쇠고기와 돼지고기를 반씩 섞어 스테이크 반죽을 하면 입에 씹히는 맛이
한결 부드럽고 감칠맛난다. 간단한 일품 요리로 손님상을 차릴 때 권할 만하다.

재료

다진 쇠고기 200g
다진 돼지고기 200g
양파 1개
베이컨 2장
빵가루 1/2컵
달걀 푼 것 1/2개
소금 1/3작은술
후춧가루 · 샐러드유 약간씩

양송이소스

양파 1/4개
양송이버섯 8개
우유 2큰술
버터 1큰술
밀가루 1큰술
물 1컵
토마토케첩 3큰술
우스터소스 1/2큰술
에이원소스 1큰술
소금 · 후춧가루 약간씩

만들기

1 양파는 껍질을 벗겨 물에 씻은 뒤 베이컨과 함께 곱게 다진다.

2 소스에 넣을 양파는 껍질을 벗겨 씻은 뒤 반으로 잘라서 가늘게 채 썰
고, 양송이버섯은 껍질을 벗겨 모양대로 얄팍하게 썬다.

3 프라이팬에 버터를 두른 뒤 다진 양파를 넣고 노릇하게 볶아서 식힌다.

4 볼에 다진 고기를 넣은 다음 볶은 양파, 다진 베이컨, 빵가루, 달걀도
함께 넣어 잘 섞는다. 소금과 후춧가루를 넣어 간을 맞춰 치댄다.

5 손으로 탁탁 쳐가면서 잘 섞은 뒤에 4등분으로 나누어 다시 손으로 탁
탁 쳐가면서 반죽하여 동글납작하게 빚는다.

6 프라이팬에 기름을 두른 뒤 ⑤를 넣고 강한 불에서 구워 색을 낸 다음
불을 약하게 줄여 6~7분 정도 굽는다.

7 양송이소스는 프라이팬에 버터를 두른 뒤 ②의 양파와 양송이를 넣고
볶다가 밀가루를 넣어 계속해서 볶는다.

8 ⑦에 물 1컵을 붓고 끓이다가 우유와 나머지 소스 재료를 넣고 섞어서
끓인다. 소금과 후춧가루를 넣어 간을 맞춘다.

9 그릇에 ⑥의 햄버그스테이크를 담고 ⑧의 소스를 얹는다. 다진 파슬리
를 솔솔 뿌려낸다.

cooking point

브라운소스는 프라이팬에 버터를 두른 뒤 밀가루를 넣고 볶는다. 그 다음
과정은 양송이소스 만들기와 같다.

※ 브라운소스 재료 | 우유 2큰술, 버터 1큰술, 밀가루 1큰술, 물 1컵, 토마
토케첩 3큰술, 우스터소스 1큰술, 에이원소스 1큰술

1 실로 묶은 고기와 대파, 마늘, 양파를 넣고 40분 정도 삶는다. 2 고기는 묶은 실을 풀고 얇게 썬다. 3 대추는 속씨를 빼고 곱게 채썰고, 밤, 배, 석이버섯도 곱게 채썬다. 4 분량대로 재료를 섞어 겨자 소스를 만든다.

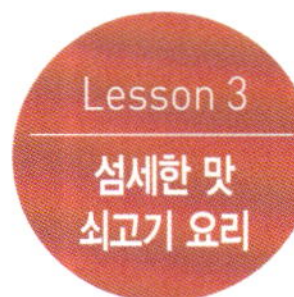

편육냉채

정성과 시간이 많이 들어가는 요리. 귀한 손님 상이나 어른이 주빈인 모임이라면
한 번쯤 도전해 보자. 화려한 모양도 좋지만 담백한 맛도 일품.

재료

쇠고기(사태) 600g
대파 2대
마늘 5쪽
양파 1/2개
대추 3개
밤 3톨
배 1/4개
석이버섯 3장
오이 1/2개

겨자 소스
겨자 갠 것 1큰술
설탕 2작은술
소금 2작은술
식초 2큰술
배즙 2큰술

만들기

1 쇠고기는 덩어리로 준비해서 실로 묶어놓는다.

2 대파는 큼직하게 썰고 마늘은 저민다.

3 물이 팔팔 끓으면 실로 묶은 고기와 대파, 마늘, 양파를 넣고 40분 정도 끓인 다음
고기만 건져 물에 헹궈 얇게 썬다.

4 오이는 소금으로 문질러 씻어 어슷하게 썬다.

5 대추는 속씨를 빼고 곱게 채 썰고, 밤과 배도 2.5cm 길이로 채 썬다.

6 석이버섯은 손질하여 곱게 채 썰어 볶은 후 ⑤와 같이 섞는다.

7 분량대로 재료를 섞어 겨자 소스를 만든다.

8 접시에 썬 고기와 오이를 담고, 가운데에 ⑥을 얹고 겨자 소스를 곁들여낸다.

불고기 라이스페이퍼 쌈

한국의 불고기와 베트남의 라이스페이퍼가 만나 특별한 맛과 모양의 퓨전 요리가 탄생했다.
소스의 맛을 잘 살리면 반은 성공. 불고기를 맛있게 무치는 것 또한 맛의 비결.

재료

쇠고기 300g
오이 1개
숙주 50g
양파 1/3개
게맛살 2개
당근 1/2개
라이스페이퍼 10장
소금 약간

불고기 양념

간장 3큰술
설탕 1큰술
다진 파 1큰술
다진 마늘 1/2큰술
참기름 1/2큰술
후춧가루 · 생강즙 약간씩
깨소금 1작은술

소스

식초 4큰술
청주 2큰술
설탕 1큰술
고춧가루 1작은술
소금 약간

만들기

1 쇠고기는 가늘게 채 썰어 불고기 양념에 재어 팬에 굽는다.

2 오이 · 양파 · 맛살은 5cm 길이로 채 썬다.

3 숙주는 머리와 꼬리 부분을 잘라 준비하고, 당근은 5cm 길이로 채 썰어 끓는 물에 소금을 넣고 데친 다음 찬물에 헹군다. 소스는 분량대로 섞어 준비한다.

4 먹기 직전에 라이스페이퍼를 따뜻한 물에 살짝 넣었다 꺼낸 다음 수분을 제거하고 ①~③의 속 재료를 넣고 싼 후 소스와 곁들여낸다.

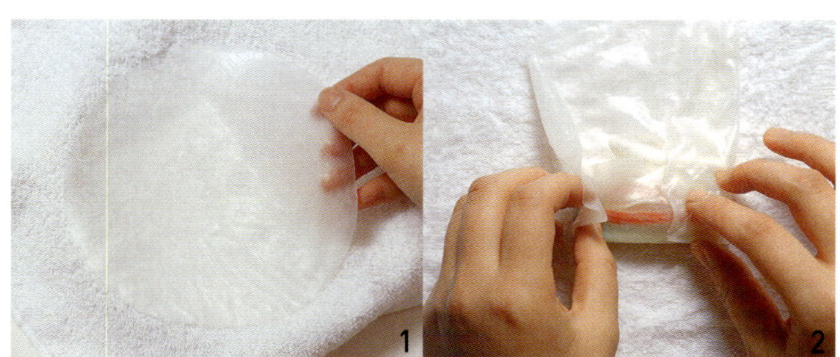

1 라이스페이퍼를 따뜻한 물에 살짝 넣었다 꺼낸 다음 면보를 사용하여 수분을 제거해야 잘 말린다. 2 면보 위에 라이스페이퍼를 펴놓고 속 재료를 넣어 싸준다.

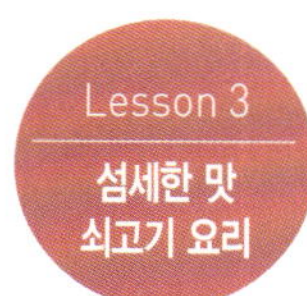

덤플링비프스튜

부드러운 버터를 두르고 야채를 뭉근히 끓이다 덤플링을 넣고 톡 쏘는
후춧가루로 간을 맞추는 구수한 비프스튜.

재료

다진 쇠고기 150g
양파 1/2개
셀러리 1/2줄기
붉은 피망 1/2개
당근 50g
토마토페이스트 2큰술
적포도주 2큰술
육수 3컵
소금 · 후춧가루 약간씩
버터 약간

덤플링

밀가루 1/2컵
버터 1큰술
물 2큰술

만들기

1 셀러리는 겉껍질을 살짝 벗겨 어슷썰고, 양파는 굵게 채 썬다.

2 당근은 반달 모양으로 납작썰기하고 붉은 피망도 같은 크기로 썬다.

3 밀가루에 버터를 넣고 물을 부어 부드러운 덤플링 반죽을 한다.

4 냄비에 버터를 두르고 썰어 준비한 양파, 당근, 셀러리를 볶는다.

5 야채를 볶다가 다진 쇠고기를 넣고 함께 볶는다.

6 ⑤에 토마토페이스트와 적포도주를 넣고 잠시 볶은 뒤 육수를 붓고 뚜껑을 덮어 끓인다.

7 덤플링 반죽을 한 입 크기로 동그랗게 빚어 ⑥이 끓을 때 넣는다.

8 다 끓으면 피망을 먼저 넣고, 소금과 후춧가루로 간을 한 후 그릇에 담아낸다.

cooking point

덤플링(dumpling)은 밀가루에 소금, 기름, 우유를 넣고 반죽하여 약 1cm 두께로 밀어 네모
로 자른 후 뜨거운 국물에 익힌 요리로, 우리의 수제비와 비슷하다. 주로 오스트리아와 독일
같은 유럽 지역에서 먹는다.

마늘버터 스테이크

잘게 다진 마늘과 파슬리를
버터와 버무려 냉동시켜 만든
마늘버터가 맛의 비결.

재료

스테이크용 쇠고기(등심) 250g
버터 50g
마늘 4쪽
다진 파슬리 1/2큰술
통조림 양송이 30g
통옥수수 1개
브로콜리 30g
버터 · 소금 · 후춧가루 약간씩

만들기

1 마늘은 곱게 다진다.

2 브로콜리는 송이송이 떼어 살짝 끓는 물에 데친다.

3 통조림 양송이는 뜨거운 물에 데쳐낸다.

4 옥수수는 삶아 작게 자른다.

5 마늘버터는 버터에 다진 마늘과 다진 파슬리를 넣고 섞어 랩에 소시지 모양으로 싸 형태를 잡아 돌돌 말아 냉동실에서 굳힌 후 냉장실에 보관한다.

6 팬에 마늘버터를 두르고 스테이크를 입맛에 따라 굽는다.

7 접시에 구운 스테이크와 양송이, 브로콜리, 옥수수를 곁들여 담고 보관해 두었던 마늘버터를 얇게 썰어 스테이크 위에 놓는다.

cooking point

스테이크를 굽는 방법에는 표면만 살짝 익히는 레어(rare)와 반쯤 익힌 미디엄(medium), 완전히 익힌 웰던(well done)의 세 유형이 있다. 2~3cm 정도 되는 고기를 구울 때 레어는 5분, 미디엄은 8분, 웰던은 10분 정도 시간이 걸린다. 레어와 미디엄은 표면을 강한 불로 굽다가 중간 불로 속을 익히고, 웰던은 다 구워질 때까지 중간 불로 익힌다. 고기의 참맛은 레어나 미디엄이다.

너비아니구이

잔칼집을 넣어 양념이 고루 배게 한 너비아니는 석쇠에 구워야 제맛이다.
양념장은 불고기와 동일하지만 정성이 많이 들어가 맛의 깊이가 남다르다.

재료

쇠고기 안심 또는 등심 600g
식용유 · 땅콩 · 잣 약간씩
상추 약간
마늘 1통

양념장

간장 4½큰술
설탕 2큰술
다진 파 3큰술
다진 마늘 2큰술
깨소금 1큰술
참기름 1큰술
후춧가루 약간
맛술 2큰술

만들기

1 쇠고기는 안심이나 등심 등 연한 부위로 준비한다.

2 고기는 기름기가 많은 부분을 떼어내고, 0.3cm 두께로 얄팍하게 썰어
마른 가제로 핏물을 걷어낸다.

3 썬 고기는 칼로 자근자근 두드려 부드럽게 하거나 군데군데 잔칼집을 넣는다.

4 마늘은 도톰하게 저며 썰어 준비한다.

5 파, 마늘, 간장, 설탕 등의 양념장 재료를 분량대로 넣어 고루 섞는다.

6 손질한 쇠고기에 ⑤의 양념장을 넣고 고루 주물러서 30분~1시간 정도 잰다.

7 열이 올라 뜨거워진 팬에 식용유를 두르고 양념장에 잰 고기를 넣고 반듯하게
펴 굽는다.

8 저며 썬 마늘을 ⑦에 넣고 함께 굽는다.

9 그릇 한쪽에 상추를 깔고 구운 고기를 담는다.

10 ⑨에 땅콩과 잣을 다져 솔솔 뿌려낸다.

cooking point

질긴 쇠고기를 손질하거나 조리할 때 1~2시간 전에 식초
로 씻어주세요. 2~3시간 전에 샐러드 기름을 발라두어도
고기가 연해진답니다.

미트로프

마치 파운드 케이크를 떠올리면 만든 요리 같다. 고기 양념에
바나나와 건포도가 들어가 색다른 맛의 세계를 경험할 수 있다.

재료

다진 쇠고기 300g
빵가루 1/3컵
카레가루 1/2큰술
사과 1/2개
달걀 1개
양파 1/2개
바나나 1개
건포도 2큰술
간장 1큰술
생강즙 2큰술
후춧가루 약간
브로콜리 150g
통옥수수 1개
소금 약간
식용유 적당량

만들기

1 양파는 곱게 다진 다음 팬에 기름을 두르고 볶아 식혀둔다.

2 사과, 바나나는 각각 껍질을 벗겨 강판에 갈아둔다.

3 브로콜리는 송이송이 떼어 끓는 물에 살짝 데쳐두고, 옥수수는 삶아 6~8등분으로
작게 잘라 미트로프에 곁들인다.

4 다진 쇠고기에 볶은 양파, 사과 간 것, 바나나와 빵가루, 카레가루, 건포도, 달걀을
넣어 잘 섞고 소금, 후춧가루를 넣어 간한 뒤 반죽이 고루 섞이도록 여러 번 치댄다.

5 미트로프를 구울 팬이나 틀에 기름을 충분히 바른 다음 ④를 꽉 채워넣고 편편하게 한다.

6 ⑤가 어느 정도 익을 때까지 150℃ 오븐에서 구워낸다.

7 생강즙 2큰술과 간장 1큰술을 섞는다.

8 구워진 미트로프를 꺼내어 솔로 생강즙과 간장 섞은 것을 겉면에 바른 다음 다시
오븐에 넣어 완전히 익힌 뒤 1.5cm 두께로 썬다.

9 그릇에 담고 브로콜리와 옥수수를 곁들인다.

쇠고기
채소말이조림

상큼하고 매콤한 맛의
풋고추에 야채를 말고,
다시 살코기에 김밥처럼 말아
살짝 조려 먹는 고기 요리.

재료

쇠고기(우둔) 300g
간장 4큰술
당근 1/2개
우엉 1대
풋고추 8개
밀가루 4큰술

조림장

설탕 2큰술
맛술 2큰술
식초 약간
후춧가루 약간

cooking point

고기는 조리 직전에 자른다. 고기는 잘라 오래 두면 육즙이 나와 맛이 달라지고, 공기 중에서 신선도가 떨어지므로 조리 직전에 자르도록 한다.

만들기

1 기름기 없는 쇠고기를 고기 결대로 얇게 포를 떠놓는다.

2 우엉은 칼등으로 긁어 껍질을 벗기고 적당한 크기로 채 썬다. 식초를 한두 방울 떨어뜨려 찬물에 담갔다가 삶는다.

3 당근도 우엉과 같은 크기로 채 썰어 끓는 물에 살짝 데친다.

4 풋고추는 한쪽 면만 갈라 씨를 빼고, 소금물에 살짝 데친 뒤 물기를 뺀다.

5 밀가루는 체에 밭쳐 곱게 준비한다.

6 준비한 풋고추를 펼쳐 안쪽에 밀가루를 가볍게 바르고 당근과 우엉을 넣은 뒤 말아둔다.

7 도마에 포 뜬 고기를 넓게 편 다음 고운 밀가루를 고루 뿌린 뒤 ⑥을 앞쪽으로 놓고 꼭꼭 만다.

8 ⑦의 고기가 풀어지지 않게 무명실로 묶거나 꼬치로 꿰어 고정시킨다.

9 달구어진 팬에 식용유를 두르고 ⑧의 고기를 굴리면서 노릇노릇하게 지진다.

10 조림장 재료를 분량대로 넣고 끓여 장을 만들고, 끓으면 ⑨를 넣어 부드럽게 천천히 조린다.

11 실을 풀어 적당한 길이로 썰어 담아낸다.

만들기

1 쇠고기는 기름이 섞인 연한 부위로 골라 큼직하게 저며 썬다.

2 고기에 핏물이 있는 채 조리하면 빛깔이 검게 되므로 마른 가제로 고기의 핏물을 걷어낸다.

3 배는 껍질을 벗긴 후 강판에 갈아 즙을 내서 준비한다.

4 양파와 파는 큼직하게 채 썬다. 마늘은 다진다.

5 볼에 간장, 배즙, 설탕, 다진 마늘, 깨소금, 참기름, 후춧가루를 넣어 양념장을 만든다.

6 고기와 야채를 앞서 만든 양념장으로 버무리고 육수를 부어 30분 가량 잰다.

7 팬에 기름을 두르고 양념으로 버무린 고기를 굽는다.

불고기

너무도 익숙해 오히려 제맛을 살리기 어려운 고기요리. 너무 달아도, 간이 세도 맛이 떨어진다.

재료

쇠고기(등심) 300g
양파 1/2개
배 1/4개
간장 1/2큰술
설탕 1큰술
대파 1대
마늘 3쪽
육수 1/2컵
깨소금 약간
후춧가루 약간
참기름 약간

1분 스테이크 샐러드

손질한 야채와 신선한 쇠고기만 있으면 특별한 솜씨 없이도 맛도 모양도 손색없는
감각적인 맛의 샐러드를 만들 수 있다. 간단한 한 끼 식사 대용으로도 부족함이 없다.

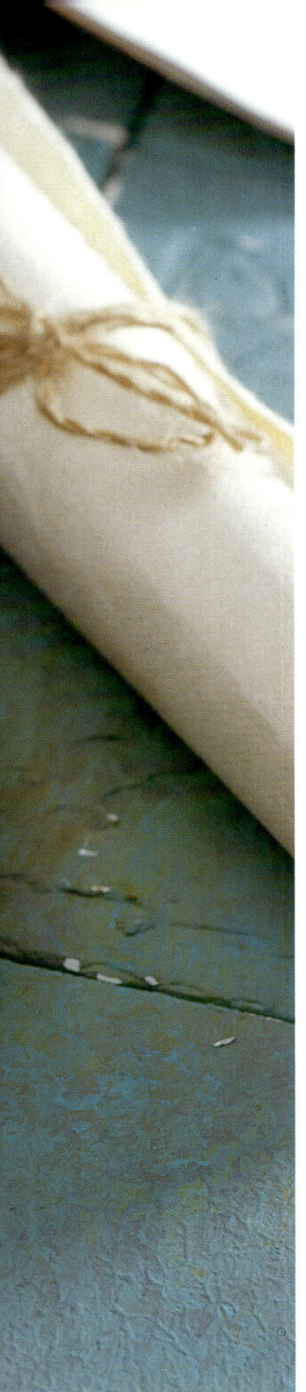

재료

쇠고기(등심 또는 채끝살) 350g
버터 1½큰술
올리브유 1/2큰술
양파 1/4개(또는 셜롯 1~2개)
다진 마늘 2~3쪽
허브(로즈메리, 타임)
다진 것 2줄기씩
후춧가루 넉넉히
야채 작은 펜넬 1개
방울토마토 6개
비타민 100g
루콜라 100g

소스

올리브유 6큰술
레몬 1/2개
소금 1/2큰술
후춧가루 약간

만들기

1 샐러드 재료를 깨끗이 손질하여 물기를 빼어 준비하고, 방울토마토는
4등분한다.
양파는 결의 반대 방향대로 썬다.

2 소스 재료를 모두 섞어 준비한다.

3 고기는 먹기 좋은 크기로 얇게 썬다.

4 팬에 버터 1/2큰술과 올리브유 1/2큰술을 넣어 달군 뒤
고기를 넣어 볶는다. 양파, 마늘, 로즈메리, 타임, 후춧가루를 넣어 계속
볶다가 마지막으로 남겨둔 버터 1큰술을 넣고 불에서 내려 그대로 둔다.

5 야채에 ②의 소스를 뿌려 접시에 담고 ④의 고기를 얹는다.
소금을 골고루 뿌린 뒤 챠빌로 장식한다.

만들기

1 쇠고기는 납작하게 썰어 갖은 양념을 하고 녹말가루를 넣어 양념한다.

2 아스파라거스는 껍질을 벗겨서 4cm 정도의 길이로 썰어 끓는 물에 소금을 넣고 데쳐낸다.

3 팬에 기름을 두르고 마늘 채 썬 것을 볶다가 쇠고기와 아스파라거스를 넣고 볶아낸다.

cooking point

볶음 요리를 맛있게 하려면? 무엇보다도 적절한 조미료 사용이 중요하다. 주재료를 넣기 전에 생강, 마늘, 파를 적절히 이용해야 하는데, 볶음 요리를 할 때는 잘 다져서 먼저 볶아 맛과 향이 잘 배게 한다. 그리고 센불에서 단시간에 볶아내는 것도 중요한데, 볶음 요리는 약간 설익게 하여 상큼한 재료 맛을 느끼도록 하는 것도 방법이다. 불을 끄기 전에 참기름을 몇 방울 넣어주면 고소한 맛이 향긋한 냄새와 함께 감칠맛을 돕는다. 재료는 어떤 것을 쓰더라도 잘게 썰어 조리하는 것이 중요하다.

아스파라거스 쇠고기볶음

칼륨이 많아 몸에 좋은
알칼리성 아스파라거스는
연하고 물기도 많으며, 맛도 좋은 채소.

재료

쇠고기 200g
녹말가루 1큰술
아스파라거스, 마늘 적당량

쇠고기양념

간장 1½큰술
설탕 1큰술
다진 파 2큰술
다진 마늘 1큰술
깨소금 1큰술
참기름 1큰술
후춧가루 약간

호두고기조림

간간하게 간이 밴 고기에 호두와
물엿을 넣어 윤기가 흐르게 버무리면
우리집만의 고기조림이 완성된다.

재료

호두 1컵
쇠고기 70g
대추 5개
빈스 5개
녹말가루 · 소금 약간씩
후춧가루 · 식용유 약간씩
물엿 1½큰술

쇠고기 양념

간장 2작은술
설탕 1작은술
다진 파 · 다진 마늘 약간씩
깨소금 · 참기름 약간씩
후춧가루 약간

만들기

1 호두는 망치로 겉껍질을 깨고 따끈한 물에 불린 후 이쑤시개를 이용하여 속껍질을 벗긴다.

2 쇠고기는 채 썰어 준비한다.

3 대추는 씨를 제거하여 3~4등분한다.

4 빈스는 손질한 후 끓는 소금물에 살짝 데친 다음 2cm 길이로 잘라 준비한다.

5 튀김 냄비에 식용유를 붓고 열이 오르면 호두에 녹말가루를 가볍게 묻혀 튀긴다.

6 채 썬 쇠고기에 간장, 설탕, 다진 파, 다진 마늘, 깨소금, 참기름, 후춧가루를 넣어 양념한다.

7 열이 오른 팬에 식용유를 두르고 양념한 고기를 볶다가 대추와 빈스, 튀긴 호두를 넣어 볶는다.

8 물엿을 넣고 버무려 윤기를 낸 후 그릇에 담는다.

cooking point

쌉쌀한 능이버섯과 함께 쇠고기를 볶아요 능이버섯은 씻어 옅은 소금물에 담가 쌉쌀
한 맛을 빼고 끓는 소금물에 데친다. 데친 능이버섯은 찢어 갖은 양념한다(간장 1/2큰술, 설탕 1작은술,
다진 파, 다진 마늘, 깨소금, 참기름 약간을 준비한다. 능이버섯 100g을 기준으로 분량). 양파는 다듬어
채 썰고, 피망은 반을 갈라 씨를 털어내고 채 썬다. 팬에 양념한 쇠고기(호두조림에서 양념한 쇠고기)를
볶다가 양념한 버섯과 채 썬 양파를 넣고 볶는다. 그런 다음 피망을 넣고 소금과 후춧가루로 간한 후 살
짝 볶아서 접시에 담는다.

만들기

1 쇠고기는 기름기가 섞인 연한 부위인 등심으로 준비한 후 1cm 두께로 도톰하게 썰어 고기 망치로 두드려 부드럽게 만든다.

2 양파 1개는 강판에 갈아서 샐러드유와 섞어 손질한 고기에 뿌려 30분 이상 잰다.

3 양파 1개는 곱게 다진다.

4 다진 양파는 버터로 엷은 갈색이 나게 볶은 다음, 소금과 후춧가루를 약간 뿌려 간한다.

5 잰 고기는 소금과 후춧가루를 뿌린 다음 팬에 샐러드유를 넉넉히 두르고 고기를 넣어 양면을 굽는다.

6 고기 구운 팬에 볶은 양파를 넣고 다시 볶아 익은 고기 위에 얹는다.

7 토마토는 도톰하게 썰어서 팬에 버터를 두르고 지진 다음 고기와 함께 곁들여낸다.

샤리아핀 스테이크

버터 두른 팬에 살짝 볶아낸 토마토, 솜사탕이 몽글몽글 녹아 있는 것 처럼 단맛이 느껴진다.

재료

쇠고기(등심) 400g
양파 2개
토마토 1개
버터 약간
샐러드유 약간
파슬리 약간
소금 약간
후춧가루 약간

양배추고기쌈

깊은 맛을 가진 고기와 담백한 두부가 어울려 만들어내는 맛을 즐겨보자.
양배추 사이에 다진 쇠고기를 넣어 찜통에서 쪄내어 맛의 깊이가 남다르다.

재료

양배춧잎 8장
다진 쇠고기 150g
두부 1/4모
참기름 약간
소금 약간
갖은 양념 약간
토마토 케첩 약간

만들기

1 양배춧잎은 끓는 소금물에 데쳐 찬물에 헹군다.

2 쇠고기는 곱게 다져 갖은 양념을 한다.

3 두부는 면 헝겊으로 싸서 물기를 꼭 짜낸다.

4 준비한 두부를 으깨어 소금과 참기름으로 양념한다.

5 양념한 고기와 두부를 합쳐 반죽한다.

6 물기를 뺀 양배추를 깔고 밀가루를 가볍게 묻히고, ⑤를 얇게 깔아준다. 양배추와
반죽을 차례차례 얹어 찜통에 넣고 15분 정도 쪄낸다.

7 그릇에 담아내고 토마토케첩을 뿌려낸다.

콘비프와 바게트

콘비프를 다진 야채와 볶아 은근히 조려 바게트 위에 얹으면 섬세한 맛의 고기 스프레드를 만들 수 있다.
가까운 친구 방문 시 가볍게 연출하는 손님 상에 내어도 좋다. 알싸한 마늘향이 배어 있는 바케트와 곁들
이면 풍미가 더욱 좋다.

재료

콘비프 200g
양파 1/3개
당근 1/3개
마늘 1쪽
완두콩 2큰술
옥수수알 1/2컵
바게트 1/2개
백포도주 1/2컵
육수 1/2컵
버터 1큰술
소금 · 후춧가루 약간씩

만들기

1 양파, 당근, 마늘은 잘게 다진다.

2 냄비에 버터를 녹이고 양파, 당근, 마늘을 넣어 볶는다.

3 계속해서 옥수수알과 콘비프를 넣고 나무주걱으로 저어가며 섞는다.

4 백포도주와 육수를 붓고 약한 불에서 약 20분간 은근히 조린다.

5 야채가 부드럽게 익으면 완두콩을 넣은 다음 소금과 후춧가루로 간한다.

6 바게트는 1cm 두께로 썰고 ⑤를 적당히 얹는다.

cooking point

콘비프(corned beef)는 쇠고기를 소금에 절였다가 다진 것이다. 쇠고기를 얇게
저며 소금과 후춧가루를 넣고 잠시 재어두었다가 잘게 다져 사용한다. 다진 쇠고
기에 밑간을 해 사용해도 좋다. 요즘은 슈퍼나 백화점에 콘비프가 캔제품으로 나
와 있어 구입해서 사용하기도 한다.

갈비찜

한국인이라면 누구나 좋아하는 베스트 요리 아이템.
고기가 부드럽게 익도록 충분히 끓여 국물을 조린다.

만들기

1 갈비는 5cm 크기로 토막내서 찬물에 담가 핏물을 뺀 다음 물기를 걷고 기름을
떼낸 뒤 잔 칼집을 넣는다. 대파와 마늘을 넣고 한 번 삶아낸 후 국물은 체에 걸러놓는다.

2 마른 고추는 반으로 잘라서 씨를 털어낸 다음 큼직하게 썬다.

3 밤은 속껍질까지 벗기고, 은행은 겉껍질을 벗겨 기름에 볶아서 속껍질을 벗긴다.

4 당근은 큼직하게 썰어 가장자리를 둥글게 깎고 양파도 큼직하게 썬다.

5 달걀은 황백으로 나누어 부친 후 마름모 모양으로 썬다.

6 분량대로 양념장을 만든 후 ①의 갈비에 양념장의 2/3를 넣어 잰다.

7 냄비에 식용유를 두르고 고추를 넣어 볶다가 갈비를 넣고 볶아준 후 ①의 육수를
잘박하게 부어 갈비가 충분히 익도록 약한 불에서 천천히 끓인다. 국물이 끓기 시작하면
당근, 양파, 밤, 은행을 넣고 나머지 1/3의 양념장을 고루 끼얹어 가면서 조린다.

재료

갈비 600g(대파 2대, 마늘 5쪽)
마른 고추 2개
양파 1/2개
당근 1/2개
밤 5개
은행 10개
달걀 1개
식용유 약간

양념장

간장 4큰술
설탕 2큰술
다진 마늘 1큰술
다진 파 2큰술
생강즙 2작은술
깨소금 1큰술
참기름 1큰술
후춧가루 약간

Lesson 3
섬세한 맛
쇠고기 요리

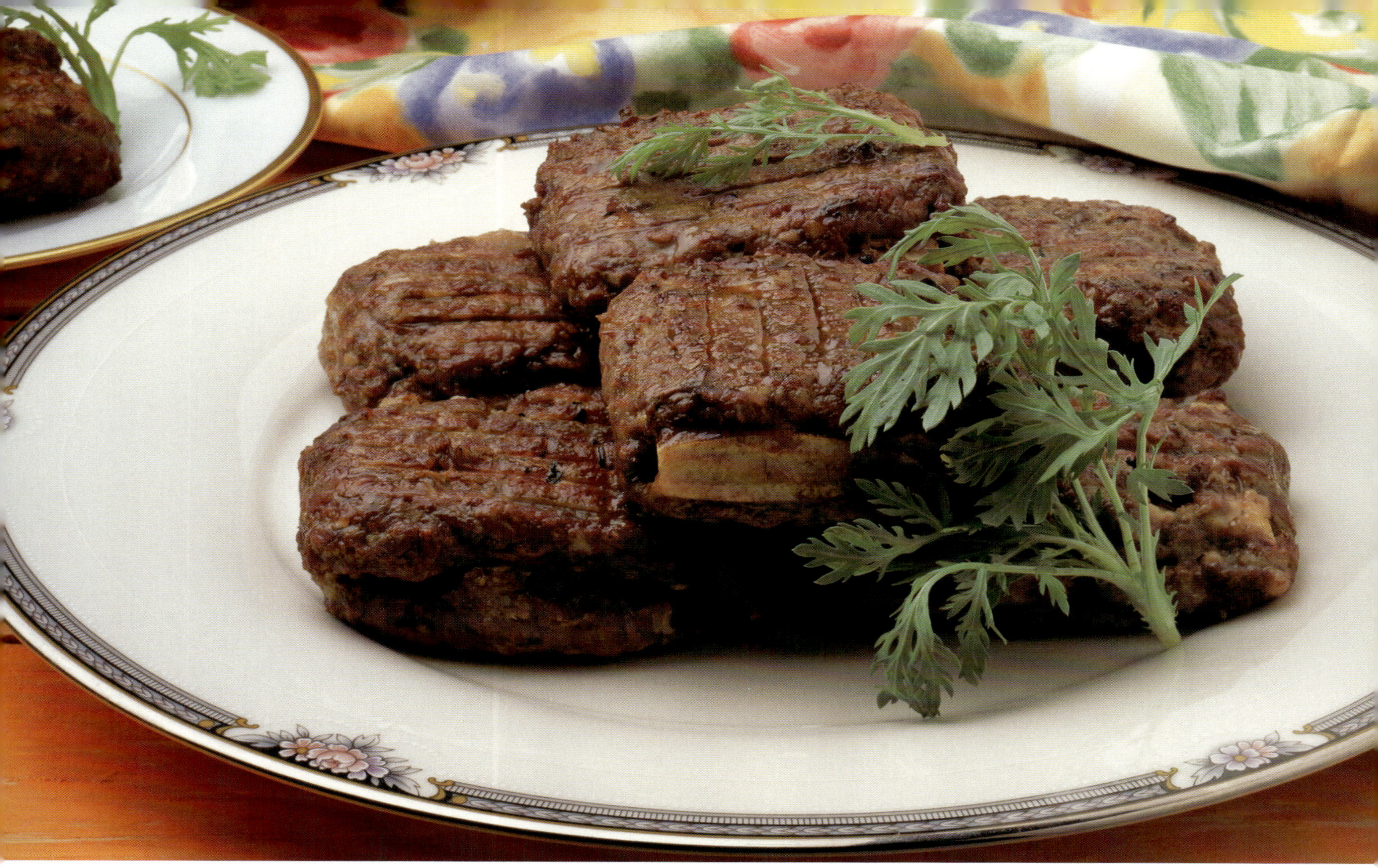

떡갈비구이

치아가 부실한 어른 상차림이라면 더욱 좋다. 맛있는 갈비를 살코기만 발라 맛있게 구워낸다.

만들기

1 갈비는 기름기를 제거하고 물기를 없앤 후 고기만 발라내어 곱게 다져서 양념장에 재어둔다. 뼈에는 잔 칼집을 준다.
2 양념장에 재어두었던 고기를 칼집을 낸 뼈에 넓적하게 다시 붙여 떡갈비 모양을 만든다.
3 ②를 석쇠에 얹어 앞뒤로 구워낸다.

재료

갈비 1kg
양념장
간장 5큰술
다진 파 3큰술
다진 마늘 2큰술
설탕 2큰술
꿀 1큰술
깨소금 1큰술
후춧가루 약간

1 갈비는 고기만 발라내어 칼등으로 두들겨 연하게 한다. 2 ①을 곱게 다진다.
3 재료를 분량대로 섞어 양념장을 만든다. 4 양념장에 잰 고기를 뼈에 넙적하게 다시 붙여 모양을 만든다.

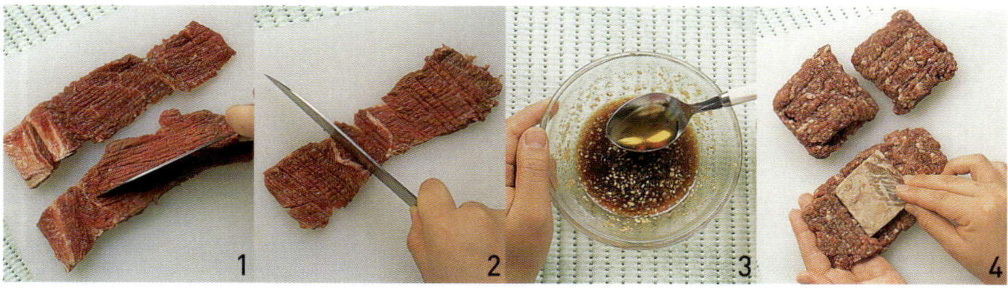

음식 예쁘게 담아내기 기본 요령

음식의 주재료를 잘 선택한다
음식 담아 내기의 요령 중 가장 중요한 것은 주재료를 잘 선택하는 것이다. 조리하고 담아내기까지의 앞뒤를 염두에 두고, 맛에 멋을 더할 수 있는 재료를 선택하는 요령이 필요하다.

모양이 있는 푸른 야채를 이용한다
음식을 눈에 뜨이게 하기 위해 한쪽에 푸른 잎을 깔 때는 그릇 밖으로 나오지 않게 하고 넓적하고 평평한 것보다는 치커리나 꽃상추처럼 끝이 꼬불꼬불한 것이 좋다. 야채는 찬물에 담가 냉장고에 넣어 뻣뻣하게 해서 사용한다.

조리 방법에 따라 그릇을 선택한다.
조림은 약간 오목한 그릇에, 구이는 납작한 접시에, 무침이나 볶음은 무늬가 요란하지 않은 그릇에 담는다. 음식의 모양과 색을 최대한 살릴 수 있는 그릇을 선택한다.

1인분씩 담아 낼 때는…
1인분씩 담아내고 싶을 때는 아이스크림 그릇이나 화채 그릇을 이용해도 좋다. 또 접시 밑에 또 하나의 접시를 깔고 담아도 보기 좋은데 이 경우엔 색 대비가 확실한 게 좋다. 샐러드 등 찬 음식과 볶음 요리는 과일이나 재료의 껍질을 그릇 대용으로 만들어 사용해도 재미있다.

가운데를 높여 음식을 소담하게 담는다
그릇 바닥에 깔아 담지 말고 소복하게 담아낸다. 특히 밑반찬은 가운데를 높여 세모 모양으로 푸짐하게 담아낸다.

야채와 고명을 곁들여 음식에 색을 입힌다
국수 장국이나 떡국에는 고기를 다지고 양념해 살짝 볶아 만든 고명을 얹어주고, 하얀색의 청포묵에는 조화를 이루는 푸른 미나리를 얹어준다.

구이 · 튀김 · 전

스테이크 · 샐러드

구이

1 통째로 구운 생선은 배를 상 앞쪽으로, 머리는 왼쪽으로 향하게 해서 자연스러운 모양을 내도록 한다. 가느다란 생선은 칼집을 모양 있게 내어 굽는다. 생선의 비린내를 제거하는 레몬을 한 쪽에 곁들인다. **2** 토막내 구운 생선은 먹기 편하게 생선살을 상 앞쪽으로 향하게 하고 그릇 한쪽에는 레몬으로 장식한다. **3** 꼬치구이는 사각접시를 사용해 여유로운 느낌을 준다. 쉽게 들고 먹을 수 있도록 꼬챙이 끝부분이 왼쪽으로 오도록 담는다.

튀김

1 튀김은 눕혀 담는 것보다는 세워서 담는 것이 좋다. 새우튀김은 튀긴 새우를 바닥에 하나 깔고 위로 튀김을 차례로 겹쳐 소복하게 쌓는다. 또 튀김은 밑에 종이나 냅킨을 깔아 예쁜 바구니에 깔끔하게 담는다. 튀김 옆에 푸른 야채를 살짝 곁들인다. **2** 튀김처럼 소스를 함께 먹는 요리는 소스를 따로 담아 내어도 좋지만 접시에 튀김을 돌려 담고 소스를 튀김 위에 뿌려도 좋다. 소스 색과 접시 색의 차이가 많이 날 때는 소스를 접시에 뿌리고 튀김을 썰어서 담아낸다. **3** 튀김은 일반적인 그릇보다는 예쁜 바구니에 세워 담아내는 것이 좋다.

전

전은 평범하게 그릇에 일직선으로 담지 말고 동그랗게 돌려 담은 후에 양념장을 중앙에 놓아서 낸다. 전은 색감을 살리는 것이 중요한데, 쑥갓, 대파, 고추, 부추, 미나리 같은 향신야채는 전을 뒤집은 후 마지막으로 넣어 색이 바래지 않도록 한다.

스테이크

스테이크는 소스와 색을 고려하는 감각이 필요하다. 스테이크 안쪽에 브라운소스를 끼얹고 그 위에 브로콜리나 허브를 얹는다거나, 그린소스 위에 새우나 검은 표고로 색을 조화시킨다. 소스와 부피가 있는 재료를 이용해 입체감을 살리는 센스를 발휘한다.

샐러드

1 재료를 섞을 때는 색의 조화에 신경을 쓰자. 아무리 그린샐러드라고 해도 푸른 잎만 잔뜩 놓으면 먹음직스럽지 않다. 붉은 피망이나 체리토마토를 조금 섞고 무순의 흰 부분이 조금 보이게 한다거나 래디시를 얇고 동글게 썰어 사이사이에 섞으면 훨씬 먹음직스럽게 보인다. 주재료가 죽지 않게 부재료는 아주 적은 양을 사용한다.

2 샐러드에 맛과 모양을 더해줄 장식이 필요하다. 보통 마요네즈나 요구르트 드레싱으로 버무린 샐러드에는 삶은 달걀노른자 가루 내어 뿌려주면 예쁘고, 프렌치드레싱이 사용되는 샐러드에는 파슬리가루를 뿌려주면 솜씨가 훨씬 돋보인다.

3 오렌지, 레몬, 유자, 아보카도, 멜론 같은 단단한 과일의 윗부분을 1/3이나 1/2쯤을 잘라 속을 파내고 그 안에 샐러드를 담아보자. 주로 과일 샐러드를 담으면 좋다. 한 사람 앞에 한 개씩 내기에 좋다.

무침 · 조림 · 볶음

무침

1 한 가지 재료만을 이용해 무친 나물은 접시의 중앙에 소복하게 쌓는 기분으로 담는다. 젓가락을 이용하기보다는 손으로 집어서 그릇에 담는 것이 예쁘고 소담하다. 한 번에 담기가 어려우면 두 번에 나눠서 담는다.

2 두 가지 이상의 재료로 무쳤을 경우에는 고른 비율이 되도록 골고루 무쳐서 담는다. 이때는 음식에 포인트를 주는 것이 중요하다. 시금치와 버섯을 같이 무쳤을 경우에는 빨간 고추를 채썰어 올리면 색감이 좋아지고, 미나리와 묵을 무쳤을 때는 미나리와 묵을 소복하게 담고 마지막에 미나리를 조금 올리고 양념장을 살짝 얹어 낸다.

3 파강회처럼 모양이 독특한 요리는 음식 모양을 그대로 살릴 수 있게 담는다. 곁들이는 양념장을 작은 접시에 따로 담아 음식의 색깔과 모양이 드러나도록 한다.

4 더덕 무침처럼 야채의 크기가 들쭉날쭉한 것은 비슷한 크기의 것을 같은 그릇에 낸다.

5 일반적인 무침 음식은 소담스럽게 담는다. 봄 배추 겉절이나 실파 무침처럼 특별한 음식이 아니면 우묵한 그릇에 손으로 덜어 소복이 담아 넉넉하게 보이도록 한다. 여름 특별식으로 마련하는 냉채는 볼이 넓은 유리 그릇에 야채를 풍성하게 담아낸다.

조림

1 생선 조림은 잘린 면을 앞쪽으로 놓은 다음 말라보이지 않게 조림국물을 끼얹고 한쪽에 무순이나 장아찌류를 곁들여 낸다.

2 밑반찬으로 많이 쓰이는 조림은 푸짐하게 보이도록 담고 푸른 야채를 곁들여 포인트를 준다.

3 소스가 곁들여지는 조림은 소스를 듬뿍 뿌려 특징을 살린다.

볶음

1 볶음 재료를 삼각썰기, 밤톨썰기, 마구썰기 등의 방법으로 다양한 변화를 주어 조리한 후에 그 모양을 살려 풍성하게 담아낸다. 붉은 고추나 파, 미나리로 색의 포인트를 준다.

2 재료들을 모두 비슷한 모양과 크기로 썬다. 그래야 섞어 볶아도 지저분해 보이지 않는다.

3 단조로워 보이거나 음식의 볼륨이 너무 적을 때는 싱싱한 푸른 잎을 함께 담아 음식에 생기를 넣어주는 것도 좋은 방법이다. 그릇에 비해 약간 적게 담고 그릇에 어울리는 푸른 잎으로 코디한다.

라이프스타일을 바꾸는 간편한 건강 요리 4

가족 모임이나 손님 초대할 때 돋보이는 인기 만점 고기요리

초판 발행 2014년 6월 10일

펴 낸 이 김시태
펴 낸 곳 피쉬북

콘텐츠 제공 29ART(주)

출판등록 2013년 1월 31일, 제306-2013-2호
주   소 131-781 서울시 중랑구 신내로 128
전   화 031-922-1725
팩   스 031-921-1725
전자메일 fishbook66@naver.com

ISBN 978-89-98964-63-4 13590